みなか先生といっしょに統計学の王国を歩いてみよう

情報の海と推論の山を越える
翼をアナタに！

三中信宏　著

羊土社
YODOSHA

はじめに

　私の職務上の表看板は「生物統計学」です.

　農林水産省系の国立研究開発法人農業環境技術研究所を本務地とし，兼任している東京大学農学部にも研究室をもっています.

　そういうポジションにいれば，ごく日常的に，農学系あるいは生物科学系の研究員や学部生・大学院生に統計学を教える機会が多くなり，また統計分析に関する質問を受けるコンサルタント業務も年々増えてきました．仕事や研究を進めるうえで統計分析とかデータ解析を必要とする人たちが増えてきた証でしょう．

　農学や生物科学を専攻する彼らは十把一絡げにくくってしまえば"理系"です．

　しかし，私が顔をいつも合わせる彼らは必ずしも数学が得意であるとはかぎりません．それどころか，講義や研修で教壇に立つ私に向かって受講生から投げられる多くの質問の背後には，「数学がわからないので統計学が理解できない」という思い込み（引け目？）が強く感じ取れます．

　実際，農学や生物学を学んできた彼らは，大学・大学院でのカリ

キュラムにもよりますが，生物統計学に関する講義を体系的に受ける機会がないという話をよく耳にします．私が生物統計学の講義を担当するときには必ず「統計学概論」からはじめるのは，統計学に関する事前知識のばらつきが大きいことを長年の経験で知っているからにほかなりません．

そもそも生物統計学にとって「数学」はいかなる意味をもつのでしょうか．もちろん，いわゆる数理統計学のような理論的な研究領域の中ではそれは愚問にすぎません．
他方，農学や生命科学分野の研究者にとっては，統計学とは，あるいはデータ解析とは数学や数式だけではけっしてすむことではなく，もっと深い理解が実は必要なのではないかという疑念を私自身は長年にわたって感じてきました．

本書では，統計学の数理や理論ではなく，「ものの考え方」としての統計的思考の本質について，お話ししたいと思います．実験データなどの情報の海や推論の山を越えるための翼は案外身近なものなのです．

2015年4月

三中信宏

みなか先生といっしょに 統計学の王国を歩いてみよう 目次

- はじめに　002
- プロローグ：これから歩み始めるみなさんへの前口上　006

I 素朴統計学のススメ

1 データ解析の第一歩は計算ではない　018

2 データの位置とばらつきを可視化しよう　036

3 王国の考え方を身につけよう　049

4 モデルの向こうに見えるもの　060

5 ばらつきを数値化する　073

II 統計王国への参道

6 自由度とは何か　082

IV 統計ユーザーが王国を自分の脚で闊歩する

13 乱塊法による分散分析　163

12 完全無作為化法の分散分析　142

11 実験計画はお早めに　135

10 秘宝：確率分布曼荼羅の発見！　124

9 ピアソンが築いたパラメトリック統計学の礎石　115

8 正規分布という王様が誕生する　106

7 確率変数と確率分布をもって山門をくぐる　096

III 統計王国の風景

- エピローグ：情報可視化，統計モデリング，アブダクション　173
- 生物統計学へのお誘い本　177
- 索　引　188

プロローグ
——これから歩み始めるみなさんへの前口上

たとえ確率論や統計学を全く学んだことがなくても，日常生活を営むうえで，実は私たち人間は必ず確率的あるいは統計的な推論を行なっています．**生物統計学**は，人間が生物界を観察したときに気づいたデータの変動から結論にいたる推論をするための道具として整備されてきました．

生物統計学：
biometrics,
biostatistics

数式・計算と条件反射で思うみなさん

「統計学」と聞くと，多くの学生は嫌な数式やらめんどうな計算を条件反射的についつい思い出してしまいます．けれども，生物統計学の核は「統計」ではなく，むしろ「生物」にあります．みなさんが日常的に取り組んでいるさまざまな医学的・生物学的・農学的問題 —— 治療・薬効・生態・行動・遺伝・進化・生理など —— がまずはじめにあるわけです．生物統計学はこれらの具体的問題から発する推論問題を解く道具を提供します．

ですから，それぞれの分野の統計ユーザーにとって必要なのは，どのような統計手法が自分にとって道具となりうるのか（あるいは，

なりえないのか），そしてユーザーが選んだ統計手法をどこまで責任をもって使いこなせるのか，という問題意識であると私は考えます．生物統計学を身につけるためには，基本となる統計学的なものの考え方が何よりも重要です．

自分には統計センスがないと思うみなさん

まずはじめに，統計学的なデータ解析の対象となる変量とその記述方法について理解する必要があります．

自然現象を反映する数値データはある確率を伴ってばらつく**変量**と呼ばれます．この変量を対象とするデータ解析・推定・検定・予測そして意思決定を行なう学問が統計学です．ものごとの因果関係が必ずしも明らかではないあいまいな状況のもとで，変量に関する限られた知見に基づいてある仮説の是非を判定することは日常生活では頻繁に生じます．私たち人間はそういう不確定状況での推論能力（素朴な確率論・統計学）をもちあわせています．

しかし，人間がもつ素朴な確率統計の感覚的認知は必ずしも常に妥当であるとはいえません．場合によっては，あるバイアスがかかった確率統計的認知を行ない，結論を誤ることがあることもある

変量：variate．確率変数ともいう．たとえば，サイコロを振って出た目の数やある学級から無作為に選んだ生徒の身長は変量である．

でしょう．ですから，必ずしも無謬ではない発見的思考法としての素朴確率統計認知が人間にもともと備わっていることを前提として，生物統計学の合理的な利用法を考える必要があります．

統計学の理論を長らく支えてきたのは，人間が行なう直感的判断への健全な懐疑心 —— すなわち経験主義の哲学 —— にほかなりません．直感にたよっているかぎり，統計理論の出る幕はないのです．しかし，人間は実際に誤りを犯すことのある生き物であるからこそ，どれくらい人間は確率統計的判断を誤るのか，その誤りを事前に防ぐにはどうすればよいのかという問題意識を生物統計学は問い続けてきました．

理論体系と現場のかかわりに悩むみなさん

数理統計学：
mathematical
statistics

数理統計学という数学の一分野は，とりわけ医学系，農学系，あるいは生物学系の統計ユーザーにとっては手ごわい相手と一般にみなされています．その理由はおそらく変量の誤差構造の定量的分析という一見わかりにくいものの考え方にあるのかもしれません．

Carl Friedrich
Gauss
→p.112

ある変量がどのような確率で値を生じるかという確率分布のモデル化を研究したドイツの数学者カール・フリードリッヒ・ガウスは，誤差のばらつきを表現するために正規分布という関数を開発しまし

た．この正規分布という確率分布は，現在もなお数理統計学の定礎の地位を保ち続けています．

確かに，正規分布を前提とする数理統計学の理論体系は，推定と検定のためのさまざまなモデルと道具を統計ユーザーに提供してきました．その貢献は正しく評価する必要があるでしょう．

しかし，正規分布の定礎の上にそびえ立つ理論の城を見上げる多くの医学系，農学系，生物系統計ユーザーは，数理統計学を学ぶためには正規分布に基づく理論体系を会得することが城門の通過儀礼として求められていると思い込み，そして悩み続けています．その悩みのある部分は，統計ユーザーの初等的な数学的能力の欠如に起因するのですが，別の部分ははたして正規分布に基づく数理統計学がそれぞれの研究の現場にどれほど通用するのかという疑念に起因しています．生物統計学を実践するには「正規分布を学べ」というスローガンだけでは統計ユーザーの心理的動機づけとしては不十分なのです．

無思考症候群予備軍のみなさん

今日では，機能的にも操作的にもすぐれた多くの統計解析ソフトウェアが高速のパーソナル・コンピューター上で比較的容易に利用

できるようになりました．大量の統計計算そのものに苦労したかつての時代とは隔世の感があります．しかし，ハードウェアとソフトウェアの進歩の恩恵を受け，統計計算の負担から解放された今日の統計ユーザーには次なる陥穽(かんせい)が待ちかまえています．それは，得られたデータを手近にある適当な統計解析プログラムに無思慮に投げ込んでそれで満足してしまうという現代ならではの症候群です．

いったん現場で開発された生物統計学の手法は，数学的に磨き上げればごく一般的な数理統計学の理論となります．数学的に洗練されてしまうと，データの形式さえ適合しているかぎり，どんな統計的手法でも適用できます．たとえ，その手法の前提条件が満たされていなかったとしても，統計計算はつつがなく完了し，計算結果はきれいに出力され，ユーザーはその出力をみて満足してしまう ── 残念なことに，この症候群はしだいに蔓延しつつあるようです．

しかし，ある統計的手法の適用が妥当であるかどうかは，数学的にではなく，むしろ生物学的に判断されるべきです．そのためには，ある統計理論が生まれ出てきた生物学的ルーツこそ学ぶべきでしょう．そのときはじめてある統計的手法の適用限界がわかるからです．その手法の生物学的ルーツを知ったあとで，現代的に洗練された数

学理論と格闘しようと決心してもあるいは使用する統計解析プログラムのマニュアルをひもといてもけっして遅くはないでしょう．

具体的問題の解決のために生物統計学は存在する

　生物統計学のたどってきたルーツをふりかえるとき，きわめて逆説的ながら「数学は統計学にとって必須ではない」と断言できます．私たち統計ユーザーにとって本当に必要なのは，日常的に取り組んでいるそれぞれの研究分野での具体的な問題状況の把握です．生物統計学で現在用いられている多くの理論はいずれも特定の生物学的問題の解決をめざして開発されたものです．

　例えば，分散分析は，当時イギリスのロザムステッド農業試験場にいたロナルド・フィッシャーが圃場データを解析するために開発した方法でした．また回帰分析は，生物統計学の祖であるフランシス・ゴルトンが親子間での関連性を解決するために編み出した手法でした．

Ronald A. Fisher
→p.137
Francis Galton
1822-1911

　世には「統計学＝数学」とか「数学は統計学の基礎である」という通説がまかり通っています．この通説のせいで，多くの統計ユーザーは統計学の理論的背景に関して思考停止してしまい，結果として上記症候群の広範な蔓延をもたらす結果となりました．

●プロローグ

もうそろそろこの通説から卒業してもいい頃でしょう.

本末転倒してはいけない —— 私たちは，統計理論の会得やソフトウェアの習熟などではなく，なによりもまず農学・生物学・医学上の具体的問題の解決をめざしていたはずだから.

素朴統計学からはじめよう

データはばらつく —— たとえ精密を期した工業製品であっても，製造工程でのさまざまな確率的要因の関与により，製品の特性値にはばらつきが生じます．ましてや，生物では，遺伝的変動および環境的変動の複雑な絡み合いにより，観察データの中にはばらつきが生まれるはずです．統計学が要求されるのは，ばらつきのあるすなわち変動のあるデータからある未知のパラメーターに関する推論をしなければならない状況においてです．思い込みをほぐしながら「統計のものの見方」についてまず1〜4章でお話いたしましょう．

データのばらつきとは，次の二段階を経てはじめて定量化できるでしょう.

まずはじめに，複数データ点の平均を計算することにより数空間のなかでのデータ点のおおまかな位置付けができます.

つぎに，それぞれのデータ点が計算された平均値からどれほどばらついているかを分散として数値化することにより，データ集合としてのばらつきの評価が可能になります．これについては5章，6章でお話ししましょう．統計分析の出発点はこのばらつきすなわちデータの変動です．

　一変量データ・多変量データの別を問わず，私たちが統計理論を用いるときの出発点はデータの変動です．

　観察されたデータの値がばらつくとき，その原因は処置した実験処理の結果でしょうか，それとも偶然誤差に起因したのでしょうか．

　複数の実験処理を組み合せたとき，それらの要因の間にはどのような関連があるのでしょうか．

　統計学的な推定・検定とは，これらの問いに答えるための方法です．ある被検集団の平均値（パラメーター）の値を複数の無作為標本のデータ値から推定（点推定または区間推定）したり，あるいは平均値のパラメーターの大きさに関する仮説を検定することを通して，わたしたちは未知のパラメーターに関する推論を行なうことが

できます．統計学的な推論は，データに照らして不適当な仮説を棄却することによって進められます．

統計学の王国を歩こう

これらの統計学的な疑問に答えるには，まずはじめにデータの変動というあいまいな現象をモデル化したり定量化したりする必要があります．上述のガウスの正規分布関数はそのための強力な武器の1つです．

しかし現実には正規分布に正確に従うデータはありません．

正規分布（あるいは他のパラメトリック確率分布）からのずれが小さいときは，近似的にもしくは変数変換によって，正規分布ベースの推定・検定方法のようなパラメトリックな標準的統計手法を利用するのがこれまでの常套手段でした．しかし，正規分布以外の確率分布に基づく一般化線形モデルの理論が登場し，それに基づく統計モデリングは前途有望です．場合によっては，検出力は多少落ちてもノンパラメトリックな統計手法を用いるという手もあるでしょう．また，ブーツストラップなど新たなコンピューター集約型の統計手法を駆使して統計量の確率分布を生成するというやり方も広く利用されるようになってきました．広範な応用可能性が期待されるベイズ統計学は私たちの統計データ解析のツールボックスに新たな

パラメトリック統計学：データがある確率分布にしたがう母集団に属しているという仮定のもとに数学的に構築された数学理論．

ノンパラメトリック統計学：特定の確率分布を前提とすることなく，抽出されたデータそのものから統計グラフィクスや無作為再抽出などの計算統計学の手法に基いて解析をする理論．

ブーツストラップ：得られたデータから無作為再抽出を反復して誤差評価を行なうノンパラメトリック統計手法のひとつ．

道具をもちこんでいます．

　このような生物統計学の「現場」の事情に合わせて，既存の統計学の理論を鍛え直していく試みは今後も続けられていくでしょう ── そして，賢明な統計ユーザーはこのような手法の進歩が今なお続いていることを知っています．

　一変量統計学・多変量解析のいかんを問わず，そこで用いられる数学は言葉である．統計学者が数式を多用するのは，それが便利な言葉であるからにほかなりません．こうした統計王国の慣習について，7〜9章で見ていきます．

　しかし，統計ユーザーはその学問的慣習に必ずしもなじむ必要はないのです．

　3章でお話しするように統計学の哲学的基盤は経験主義であり，その認知的ルーツは私たち自身がもっている素朴確率統計推論です．したがって，現在利用されている統計理論の根幹はすべて直感的に理解できるし，それをまずめざすべきでしょう．

　統計学とは「内なる科学」なのです．

曼荼羅と実験計画法を駆使して
よき統計ユーザーの一歩を踏みだそう

　私が自分のデータを統計解析するとき，あるいは他人に頼まれて統計コンサルティングをするとき，ユーザーがあらゆる統計理論に通暁することは現在では不可能です．おそらくほとんどの医学系・農学系・生物学系統計ユーザーは，自らの限られた統計学の知識を酷使して問題解決にあたっているという方がむしろ事実に近いでしょう．事態をさらに悪くしているのは，統計学の世界があまりに広すぎるため，数理統計学に一生を捧げている専門の統計学者以外，この世界のどこにどのような統計手法があるのか，それらの手法の間の相互関係はどうなっているのかについて全く闇の中という現実です．

　とりわけ，統計学をはじめて学ぶ者にとって，いま学んでいる手法が統計学の王国の中のどこに位置しているのかを全く知らされないまま，数式や理論や分析ツールをいじらされるというのは，教育上のみならず精神衛生上もよいはずがありません．

　この点で統計ユーザーに望みたいのは，統計学の世界の鳥瞰です．で

きるだけ広く遠く生物統計学の裾野を見渡してみようということです．そのための秘宝を10章でお渡しします．その秘宝を手にした読者は，続く11〜13章で説明する実験計画法に基づくデータ解析のしくみをよりよく理解することができるでしょう．

　自分の抱えている問題解決にとって，いま使っている統計手法ははたして適切なのか，他にももっと使える方法があるのではないか——この素朴な知的好奇心こそ，蔓延する無思考症候群を予防し，主体的かつ積極的な統計ユーザーへの道を拓くのです．前向きな読者のために本書がささやかな手助けをできたとしたら著者としてこの上ない喜びです．

1 データ解析の第一歩は計算ではない

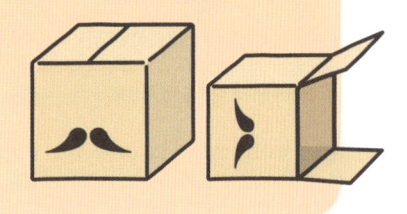

I 素朴統計学のススメ

涙なしの統計学は可能か

　講師のひとりとして私も参加したある統計研修の受講生が，別の講師が担当した講義内容に関して，次のような質問を投げました：

> 多くの確率分布があることはわかったのですが，いずれも数式で説明されていて，ほとんど理解できませんでした．グラフや図を用いてもっとイメージしやすい説明はできないのでしょうか？

> それぞれの確率分布は，実生活のこんな場面で使えますとか，こんなデータに当てはまりますというような身近な事例を用いて説明できませんか？

　読者のみなさんもご存知のように，いわゆる**数理統計学**の理論体系では，現実世界のデータの挙動をある数式で表現された確率密度関数をもつ確率分布によってモデル化します．たとえば，確率変数（変量）が連続的ならば正規分布，離散的ならば二項分布のような確率分布がこれまで数多く提示されてきました．

　そして，数理統計学に基づく統計分析の本道は，いかにすればこれらの確率分布の数学的性質に基づいて推定や検定ができるのかを論じることにありました．

　1世紀以上も前にカール・ピアソンが敷いた「生物測定学」の基本路線のうえに，数理統計学は壮大な理論の砦を築き上げ，ロナルド・A・フィッシャーらそうそうたる生物統計学者たちは農学・遺伝学・進化学・医学など数々の応用分野へのその適用を推し進めてきました．数理統計学は，研究者たちが日々の研究の場で手にする"生のデータ"を一貫して「数理の視点」から分析してきたのです．

確率密度関数：変数値を横軸に，その値をとる確率を縦軸にとったグラフが確率密度関数のイメージ．

確率分布→p.104
モデル化→p.60

連続的→人の身長のように，連続的な実数値として表される値．

正規分布→p.118

離散的→サイコロの目1，2，3…のようにばらばらの数で表される値．

二項分布→p.101

Karl Pearson
→p.116

生物測定学（biometrics）．当時の言葉ではこう呼んだ．

Ronald A. Fisher
→p.137

統計学の近代史について:『統計学を拓いた異才たち：経験則から科学へ進展した一世紀』(デイヴィッド・サルツブルグ／著 竹内惠行・熊谷悦生／訳), 日本経済新聞出版社, 504 pp., 2010
→p.180

演繹→p.50

　しかし，前出の質問者が書き綴った悩みは，そのような数理統計学の厳密な手続きの妥当性にあるのではなく，むしろ，そのような「数学」の体系そのものと（おそらく質問者にとって）日常的な仕事とがどのようにかかわるのかがつかみきれない点にあるのだと私は理解しました．

　数理統計学の根幹は，置かれた前提から導出される命題群が形づくる演繹的体系です．
　一方，現実の研究の場で問題になるのは得られた知見（データ）からいかにして妥当な推論を実行するのかという点です．
　したがって，統計学的データ解析とは，数理統計学の立場からいえば，数学的理論体系をよりどころとする，データに基づく推論ということになるでしょう．この観点をとるかぎり，数理統計学をきちんと学ぶ以外に道はありません．

　でも，私は生物統計学の講義の最初に，「数学は統計学的思考にとって必須ではない」と必ず言うことにしています．数理統計学の威力を認めたうえで，なお数学とは別のルーツを統計学的思考が有していると信じているからです．
　本章ではその点について説明することにしましょう．

「　数学は統計学的思考にとって必須ではない　」

ジョン・テューキーと探索的データ解析

　数理統計学の理論は第二次世界大戦をはさんで連綿と発展し続けました．そのかたわらで，戦後の統計学の新たな動きのひとつとして特筆されるべきは，ジョン・W・テューキーが提唱した**探索的データ解析**でした．

　統計学を「純粋数学」としてではなく「データ解析」の観点から再検討しようとしたテューキーは，今から半世紀前に書かれた長大な総説論文「データ解析の将来」の冒頭で，自らの考えを次のように表明しました：

John W. Tukey：
1915〜2000

探索的データ解析：
exploratory data analysis (EDA)

> 長い間，私は自分のことを個々の事例からの一般化に関心をもつ統計学者だとずっと思っていた．しかし，数理統計学の進展を見わたしたとき，自らの信念がぐらつく感を禁じ得ない．（中略）要するに，私の主たる関心は"データ解析"にあるのだ．ここでいうデータ解析とは以下を意味している：データを分析する手順，その手順から得られた結果を解釈する技法，解析をより容易かつ高精度かつ高確度にするデータ収集のプランニン

Tukey, John W.：
The future of data analysis. *Annals of Mathematical Statistics*, 33：1-67, 1962, p.1より翻訳

グ，そしてデータの分析に適用された（数理）統計学の手法と結果のすべてである．

テューキーの持論は，数学的に厳密な統計理論だけでは十全なデータ解析を遂行するには力不足であるという点にありました：

> "数理統計学"のさまざまな成果は，データ解析の実践と結びつかないかぎり，あるいはいつかどこかでそれと結びつこうとする心構えがないかぎり，"純粋"数学とみなすしかなく，それ自身の基準に照らして批判されなければならない．数理統計学の成果はデータ解析かそれとも純粋数学のいずれかに照らして正当化されるべきである．（中略）概して言えば，統計学における大革新はデータ解析における大躍進をもたらさなかった．今こそデータ解析を刷新すべき時ではないか．

<small>Tukey：前掲論文，p.3より翻訳</small>

停滞していた当時の「データ解析」を刷新すべく，テューキーが開発した方法が「探索的データ解析」でした．1977年にやっと出版された同名の"オレンジ本"には，全編にわたって彼独自のデータ解析手法が展開されています．とりわけ，探索的データ解析が，後述する幹葉表示や箱ひげ図のような，斬新な統計グラフィクス

<small>Tukey, John W.：*Exploratory Data Analysis*. Addison-Wesley, Reading, xvi+688 pp., 1977. 表紙カバーがオレンジ色なのでそう呼ばれる．</small>

（ダイアグラム）を多用した点は特筆されるべきでしょう．

数理統計学が数学と計算によるアプローチを目指したとするならば，テューキーはダイアグラムを用いた直感的なアプローチを模索したといえます．

> **数学的に厳密な統計理論だけでは
> 十全なデータ解析を遂行するには力不足である**

データを可視化する…具体的にはどのような手順ですか？

次のような実験データを例に取りましょう．この実験は，ある作物の収量が3通りの栽培土壌条件によってどのように変わるかを調べるために，それぞれの土壌条件ごとに10個体ずつ計30標本に関して得られた収量データです（表1-1）．

たとえば，粘土で栽培された10標本を収量（yield）に関する散布図で示すと図1-1になります．

3通りの栽培土壌条件，粘土，ローム，砂
出典：Micheal J. Crawley, *The R Book*, Wiley, 2007
http://www.bio.ic.ac.uk/research/mjcraw/therbook/data/yields.txt
→p.185

標本：サンプルともいう．

散布図：複数の変量をプロットしたグラフ．関係性を見るのに役立つ．

---

1 ● データ解析の第一歩は計算ではない　23

表1-1 栽培土壌条件を変えたときのある作物収量データ

標本番号	作物収量	栽培土壌
01	17	粘土
02	15	粘土
03	3	粘土
04	11	粘土
05	14	粘土
06	12	粘土
07	12	粘土
08	8	粘土
09	10	粘土
10	13	粘土
11	13	ローム
12	16	ローム
13	9	ローム
14	12	ローム
15	15	ローム
16	16	ローム
17	17	ローム
18	13	ローム
19	18	ローム
20	14	ローム
21	6	砂
22	10	砂
23	8	砂
24	6	砂
25	14	砂
26	17	砂
27	9	砂
28	11	砂
29	7	砂
30	11	砂

標本番号01〜10は図1-1に使用

表1-1を栽培土壌ごとにまとめると…

標本番号（一の位）	1	2	3	4	5	6	7	8	9	0
粘土	17	15	3	11	14	12	12	8	10	13
ローム	13	16	9	12	15	16	17	13	18	14
砂	6	10	8	6	14	17	9	11	7	11

図1-1 粘土で栽培された10標本の収量の散布図

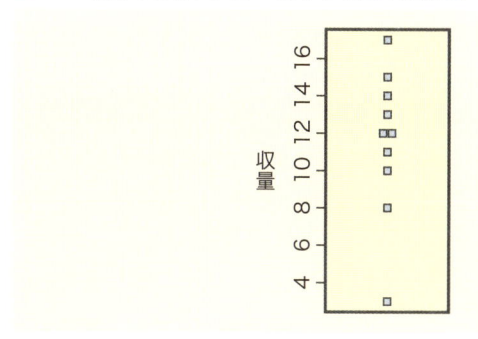

この図1-1に示された生データに対して，テューキーの探索的データ解析は，いっさいの統計計算を介在させずに，データのもつ特徴をグラフィクスを用いて浮かび上がらせようとします．

彼が開発したひとつの技法が次の図1-2に示す**幹葉表示**です．

幹葉表示：stem-and-leaf display

図1-2 散布図(図1-1)の幹葉表示

累積番号	幹	葉
1	0	3
	0	
	0	
2	0	8
4	1	01
(3)	1	223
3	1	45
1	1	7

幹葉表示を作成する手順は下記のとおりです：

❶ 図1-1の10標本を大小順にソートし，最大値および最小値のそれぞれから**メディアン**（中位数）に向かって番号を付していく

❷ 最大データ値は20に達しないので，すべてのデータの十の位は「0」または「1」となる．この2つの整数値が「幹」を構成する

❸ 各標本データはそれぞれ一の位の値を用いて「幹」から発する「葉」として連結して表示する

幹葉表示は，あるデータの集まり（データセット）がもつばらつきの特徴を標識値であるメディアンを基準として簡略化して表現しています．そして，この幹葉表示のもつヴィジュアル性をさらに強調したダイアグラムが，現在でも多用されている**箱ひげ図**です．図1-2の幹葉表示を踏まえた箱ひげ図を図1-3に示しましょう．

このデータセットは偶数個のデータを含むので，メディアンはソートした5番目と6番目のデータ値の平均（＝12）として求められる．

標識値：メディアン，平均値，最頻値など．

箱ひげ図：box-and-whisker plot

図1-3 幹葉表示（図1-2）に基づく箱ひげ図

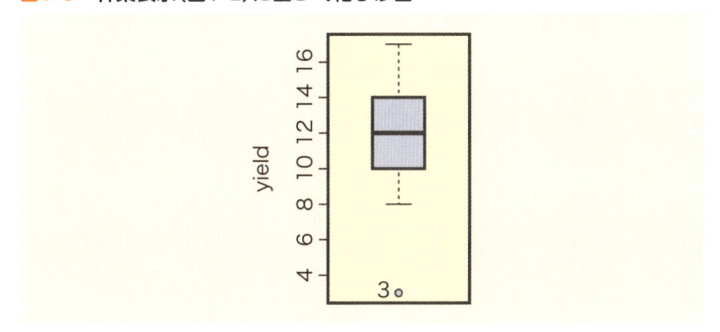

箱ひげ図を作成する手順は下記のとおりです：

❶ 図1-2のメディアンを太線で書く

❷ このメディアンと最小データ値との中位点（下四分位点）ならびにメディアンと最大データ値との中位点（上四分位点）を求め，両四分位点を上辺ならびに下辺とする「箱」を描く．定義により，この「箱」が示す範囲には全標本の半数が含まれます

❸ 「箱」の上下辺から，それぞれ「箱」の長さの1.5倍の長さをとる（4〜18）

外れ値：outlier

❹ この範囲から外れる点を**外れ値**（この例では3が該当）とし，外れ値を除いた最大値と最小値（17と8）を結ぶ線分を「ひげ」とする

このように，元の散布図から幹葉表示，次いで箱ひげ図と段階を踏むことにより，データのもつ挙動あるいは癖を直感的かつヴィジュアルに理解することができます．

図1-4では，30標本すべてを含むデータセットの散布図と箱ひげ図を示しました．

図1-4 データセット全体の散布図と箱ひげ図

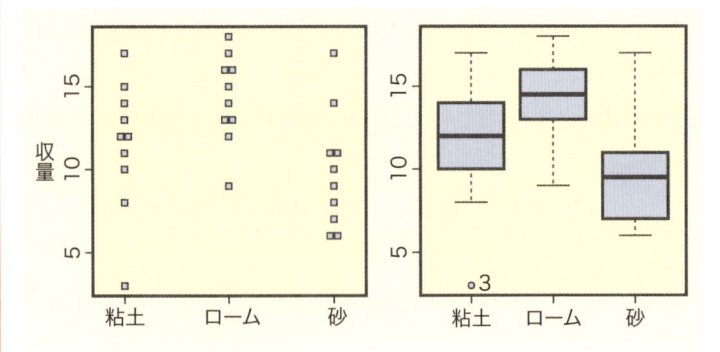

これらの実例を通して，数理統計学の複雑かつ難解な計算をする前にやるべきことがあると主張したテューキーの探索的データ解析の精神の一端をうかがい知ることができるでしょう．

「　**段階を踏むことにより，データのもつ挙動
　　あるいは癖を直感的かつヴィジュアルに理解する**」

直感的な素朴統計学の強み

さまざまな場で生物統計学を教えてきた私の目から見ると，あまりにも多くの受講生がデータ解析とは統計学であり，その統計学とは数理統計学すなわち（自分たちには理解できない）数学にほかならないという先入観を抱かされてきたようです．生物科学系や農学系などの大学教育カリキュラムの大部分では，たとえ「統計学」と銘打たれた講義があったとしても（まったくないこともある），それは数理統計学であることが多く，受講生には必ずしも浸透しているとはいえない状況です．

ここ数年，ある農学系大学の学部生を相手に生物統計学の講義を担当しています．

多くの学生は中学から高校の時点で早くも「数学の苦い記憶」を

> **追加質問**
> 外れ値と判定した場合，その後のデータ解析から外してしまってよいの？
>
> テューキーの箱ひげ図で外れ値と判定されたとしても，その値が真の意味で「異常」なデータかどうかは判断できません．むしろ，他のデータと比較して大きく外れていることは，そのデータの出所（フィールドノートや実験ノート）を再チェックする必要があるという"警告ランプ"だと考えてはいかがでしょうか．

植え付けられ，大学に入ってもそのトラウマを引きずっていることがあります．私はその事情を十分に理解したうえで，毎年の初回講義では，必ず「統計学は数学ではない」「データ解析の第一歩はデータを"見る"ことである」と宣言しています．その上で，テューキーの探索的データ解析が提唱する箱ひげ図などの視覚化技法を実際に見せながら，データを"見る"ことの重要性を学生に刷り込みます．

学生側の反応はきわめて敏感で，次のような感想がいつも届きます：

> 統計学は計算ばかりで難しいイメージをもっていたけど，絵でデータを読み取ることからならできるかもと思えました

> 今まで数式を出すためにデータを取っているという意識だったので気づかなかったが，データがたまたま数式で表わされると考えるとそれはすごいこと

> 箱ひげ図の考えに感動した．計算という計算を行わないでここまで"見える"とは

観察データをしっかり「見る」ことはデータ解析の出発点です．多くの人は，統計分析といえば数式を用いて複雑な「計算」をするものと思い込んでいますが，それは勘違いです．

　テューキーの探索的データ解析から私たちが学ぶべき教訓は，いっさいの「計算」をする前に，データをちゃんと「見る」そして「読む」心構えを身につける必要があるということです．

「　　　データ解析の第一歩はデータを
　　　　　"見る"ことである　　　　　」

遭難防止の7つの狼煙台　その1：視覚化

　本章では，統計的データ解析と聞いたときに多くの人が連想する"理論的"かつ"数学的"な統計学という先入観にひるむことはないと述べました．

　この世の現象は，自然界であれ人間社会であれ，例外なく不確定な要素を含みつつ立ち現れます．多かれ少なかれ偶然に支配される現象を観察したり計測したりして得られるデータが，さまざまな「ばらつき」をもっていることは当然の帰結です．

しかしひるむことはありません.

　私たち人間は生物として進化してきた過程で，ばらつきをもつ情報をよりどころにして不確定な状況での意思決定をする認知能力を備えるようになったと考えられます．本章で私が強調したデータの可視化の重要性は，細かい統計計算をする前に情報を視覚化することにより，私たち誰もが人間としてもともともっている認知能力をデータ解析という作業のはじめにきちんと認めようという点にありました．

ちょっと休憩

土壌条件を変えたときのある作物の収量データ

標本番号（一の位）	1	2	3	4	5
粘土	17	15	3	11	14
ローム	13	16	9	12	15
砂	6	10	8	6	14

統計計算なしの視覚化

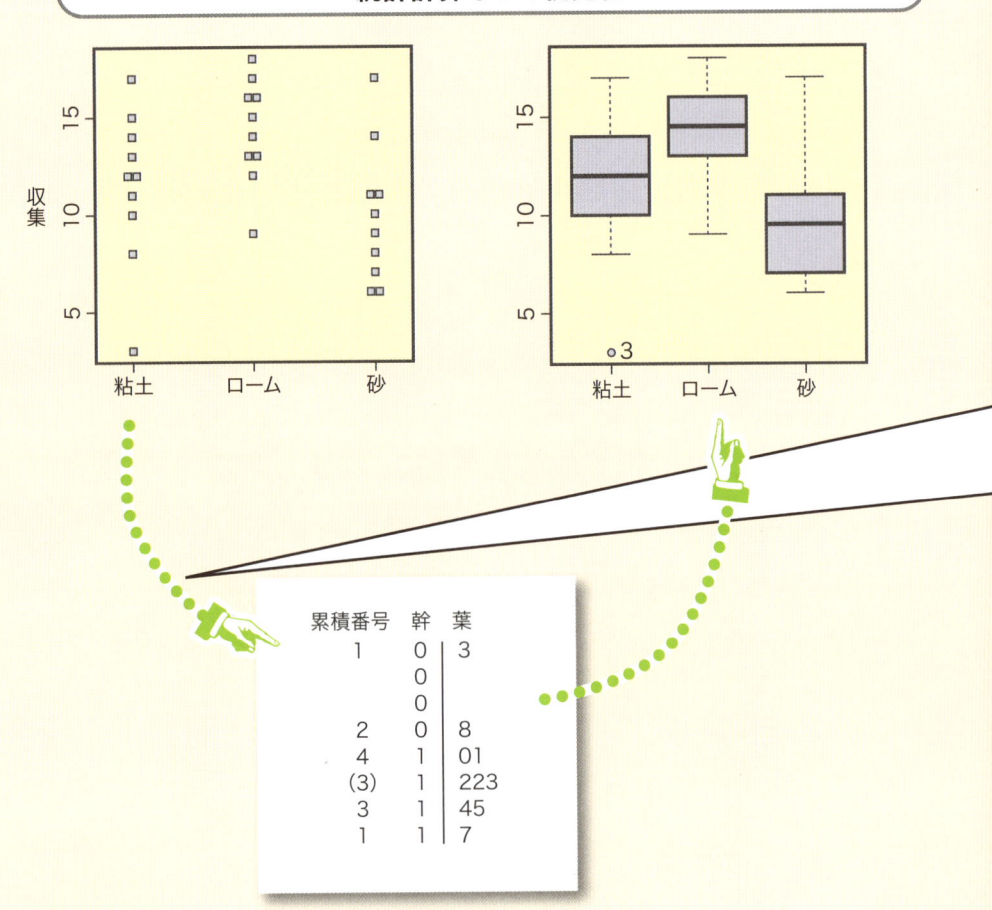

累積番号	幹	葉
1	0	3
	0	
	0	
2	0	8
4	1	01
(3)	1	223
3	1	45
1	1	7

34　統計学の王国を歩いてみよう

6	7	8	9	0
12	12	8	10	13
16	17	13	18	14
17	9	11	7	11

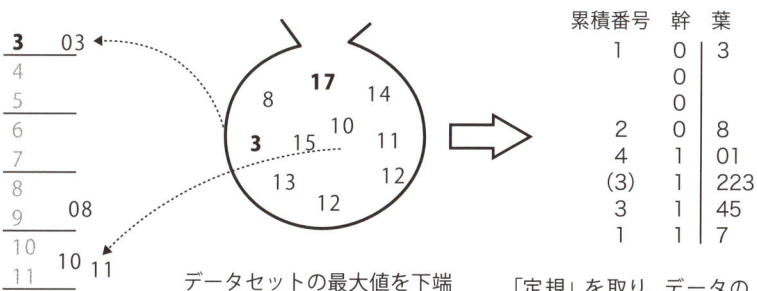

```
 3   03
 4
 5
 6
 7
 8
 9   08
10
11    10  11
12
13   12  12  13
14
15     14  15
16
17    17
```

```
   8   17  14
       10   11
   3  15
      13    12
        12
```

累積番号	幹	葉
1	0	3
	0	
	0	
2	0	8
4	1	01
(3)	1	223
3	1	45
1	1	7

データセットの最大値を下端に，最小値を上端にして適当な幅（=2）で区間分けした「定規」をつくる．
それぞれのデータを区間に割り当てる．その際，一桁の数字には十の位に「0」を付す．

「定規」を取り，データの「幹」と「葉」を区切って表示する．データのない区間には「幹」のみ残す．メディアンのある区間には括弧に入れた標本数を，上からの累積番号，下からの累積番号を付してできあがり．

テューキーの「幹葉表示」は，広く用いられているヒストグラムから箱ひげ図への橋渡しとみなされるデータ可視化の方法です．その手順について補足説明します．図1-2の「累積番号」は最大値および最小値からメディアンに向かって累積されていく番号です．この数値例ではデータの最小値と最大値がそれぞれ3と17ですので，幅2（任意の幅）の区間で全範囲を分割することにします．このとき，最小値3を上端に，最大値17を下端に置いて，幅2の区間を順に積み重ねることで幹葉表示が描かれます．上端の区間[2,3]に入るデータは3だけです．3は一桁の数ですから十の位は「0」で一の位は「3」となります．この「0」が"幹"となり，

「3」が"葉"になります．続く2つの区間[4,5]と[6,7]に入るデータはありませんので空白にしておきます．その次の区間[8,9]にはデータ8が入るので，その幹と葉はそれぞれ「0」と「8」となります．その下の区間[10,11]には2つのデータ10と11が属しますから，共通の幹「1」に対して2つの葉「0」と「1」を並列表示します．同様にメディアンが属する区間[12,13]の3つのデータ12,12,13についても，共通の幹「1」の横に3つの葉「2」「2」「3」を並列します．このように最下段の区間[16,17]にいたるまで続ければすべての幹葉表示が完成します．

35

2

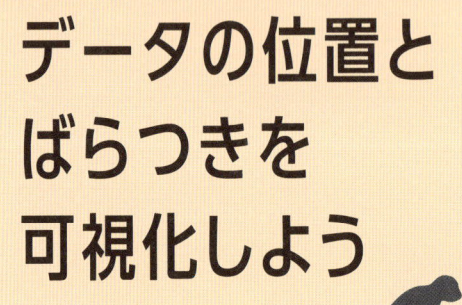

Ⅰ 素朴統計学のススメ

データの位置と
ばらつきを
可視化しよう

　近年の統計分析ソフトウェアはさまざまな統計グラフィクスを描画する機能をもっています．それらをうまく使えば，私たちはデータのもつ特徴を直感的に把握することができるでしょう．それが，後に続く統計的データ解析の足場となります．

　では，データを可視化する過程で，私たちはいったい「何」を読みとっているのでしょうか．本章ではそれについて話をいたしましょう．

困ったときの武器を
ヒトは生まれつきもっている

　私たち人間（ヒト）は何も書かれていない"白紙"としてこの世に生を受けてきたわけではありません．生物としてのヒトがその進化の過程で獲得してきたさまざまな"認知的性向"はかつては生存上きっと必要な特性だったでしょう．現代人にもまちがいなく受け継がれているこの進化的遺産を否定するのではなく，逆にうまく使うことが統計学的なデータ解析の前提です．

　もちろん，ヒトのもつ認知能力は完全ではありません．判断にバイアスがかかることもあれば，誤りを犯すこともまれではありません．ヒトがもつこれらの"生得的認知"のありようを否定的に見るとしたら，観察者である私たちは客観的に現象やデータを見ることはもはや不可能です．

　しかし，実は完璧な客観性は統計学がめざす究極の目標ではありません．むしろ，限られたデータからいかにして妥当な結論を導き出すかが統計的推論のゴールです．そのためには，データをいかにうまく読みとって情報を検出できるかという点に関心が向けられるべきでしょう．

得られたデータをしっかり「読む」ことはデータ解析の出発点です．

　統計的データ解析といえば，つい数式を用いて複雑な「計算」をすることばかりに目が向きがちですが，それは根本的にまちがっています．あらゆる「計算」をする前に，私たちはデータを「読む」必要があります．

　データを「読む」という観点からいえば，私たちがもっている"生得的認知"の能力は積極的に役に立つ武器になりえます．以下では，データを「読む」ための直感的方法の重要性についてお話ししましょう．

　第1章のポイントは，一言でいえば，観察データをしっかり「見る」ことがデータ解析の出発点であるということでした．

　散布図・幹葉表示・箱ひげ図などさまざまな統計グラフィクスをうまく利用するならば，私たちが生まれつきもっている直感的な認知能力を頼りにして，数値だけでは把握しきれないデータのふるまいを視覚的に理解できるでしょう．難解な数学を理解しなければ一歩も先に進めないとあきらめるのは早計です．

「　**完璧な客観性は
統計学がめざす究極の目標ではありません**　」

バケツとサーチライト
―データを読むための姿勢

　しかし，ここでひとつ問題になるのは，「データをよく見ろ」と言われたとき，私たちは「何」を見ているのかをけっして自覚しているわけではないという点です．データセットのもつどのような特徴を私たちは読みとっているのでしょうか．

　たとえば，次のような質問を受けたことがあります：

> データセットの分布がわかりづらいときにはどのように判断すればいいのでしょうか？

> データセットの分布をグラフ化あるいは図示してイメージ化できないでしょうか？

　いずれの質問からも，生のデータを目の前にした観察者が「何」

を観察すればいいのかわからずに迷っているようすがうかがえます．

　確かに，実験なり観察をすればデータは得られます．しかし，データセットさえあれば自動的（受動的）にしかるべき情報が私たちに流れ込んでくるわけではありません．むしろ，観察者たる私たちは自発的（積極的）にデータから情報を読みとろうとする姿勢が必要です．

　かつて，科学哲学者カール・R・ポパーはその著書『客観的知識』の中で，科学的知識の獲得に関する「バケツ理論」と「サーチライト理論」とを対置させました．

　前者の「バケツ理論」とは，人間の五感によって知覚された観察を"バケツ"に貯めこんでいくことが知識を構成するという素朴な考え方です．ポパーは，蓄積された観察さえあればほかは何もいらないという「バケツ理論」に反対し，観察する前に私たちは検証すべき仮説を立てるべきであるとする「サーチライト理論」を提唱しました．ポパーの「サーチライト理論」によれば，

> いかなる種類の観察をなすべきか —われわれの注意をどこに向けるべきか，どの点に関心をもつべきか— をわれわれが学びとるのは，もっぱら仮説からだけである．

Karl R. Popper：
1902-1994

『客観的知識：進化論的アプローチ』（カール・R・ポパー／著　森博／訳），木鐸社，1974

Popper，前掲書 p.2 より引用

となります．データ解析に当てはめるならば，私たちは単にデータを"バケツ"に受動的に溜め込むのではなく，データセットを能動的に「読む」ための"サーチライト"を用意しなければなりません．

いったいデータの「何」に光を当てればいいのでしょうか？

「　　　　観察する前に
　　私たちは検証すべき仮説を立てるべきである　」

分布の位置とばらつきを可視化する

ここで，データは「変動する（ばらつく）」という真理に注目しましょう．

たとえば生物を対象とする実験ならば，コントロールされた実験要因はもちろん，遺伝的変動あるいは環境的変動により，観察データにはばらつきが生じます．

栽培土壌条件を変えたときのある作物収量データを再びとり上げましょう．3通りの栽培土壌条件によってある作物の収量を10標本

3通りの条件：粘土，ローム，砂

41

インデックス・プロット：index-plot

ずつ調査したデータを**インデックス・プロット**として図示すると図2-1のようになります．

図2-1　全30標本の収量データを図示

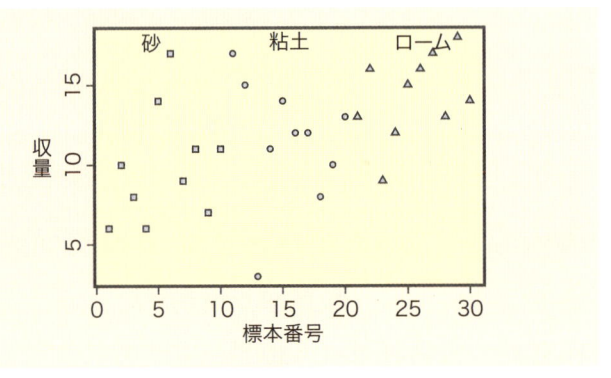

栽培土壌条件ごとに異なる記号を使用

　全データを何の手も加えずに可視化した図2-1をじっと観察するうちに，私たちはこのデータセットがもつ特徴に光を当てる"サーチライト"がいくつかあることに気づきます．

　まずはじめに，複数のデータの"真ん中"を計算することによりデータセットのおおまかな「位置付け」ができます．前回とり上げた箱ひげ図ではこの"真ん中"を中央値（メディアン）によって示しました．以下では，中央値の代わりに，データセットの**平均値**すなわちデータの総和をデータの個数で割り算した値を"真ん中"の指標としましょう．図2-1の上に30標本から計算した平均値（＝

平均値：mean

11.9）を横線（太実線）で記入すると次の図2-2が得られます．

図2-2　図1に総平均（太実線）を記入

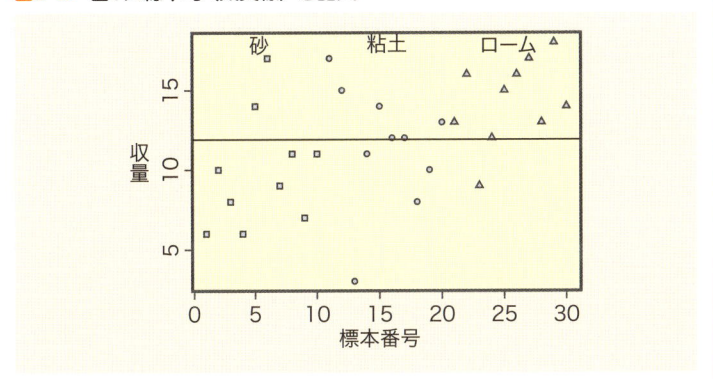

　このデータセット全体の位置を示す**総平均**を"真ん中"を示す基準として，**次にそれぞれのデータが総平均から見てどれほど大きな"ばらつき"をもつかが可視化できます**．各データと総平均とのこの差を**全偏差**と定義します．この全偏差は，データが総平均よりも大きければ正の値をもち，逆に平均値を下回れば負の値をもちます．図2-2に全偏差を書き加えれば次の図2-3になります．

総平均：grand mean

全偏差：total deviation

図2-3 図2-2の総平均（太実線）から各データへの全偏差（太点線）を記入

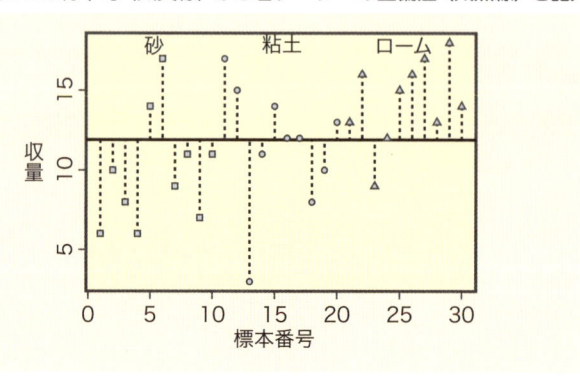

　以上で，データセット全体の挙動を知るために"真ん中"すなわち総平均と"ばらつき"すなわち全偏差という2つの"サーチライト"によって光を当てました．

> 真ん中とばらつきはたしかに可視化できました．これで例えば，ばらつきの原因が実験処理の結果か，偶然誤差のためかなどわかってしまうのですか？

　総平均および全偏差という2つの"サーチライト"だけではこの問いに答えることはできません．水準ごとに限定してデータの挙動をより詳細に探査するためには，水準ごとに計算された**処理平均**という"サーチライト"が必要になります．実際に水準ごとに処理平均

処理平均：treatment mean．ある水準のデータ総和÷反復数

を計算すると下記のようになります：

砂 = 9.9，粘土 = 11.5，ローム = 14.3．

総平均と処理平均との差は**処理偏差**とよばれます．この処理平均を図2-2に記入すると図2-4になります．

処理偏差：treatment deviation．総平均−処理平均

図2-4　図2-2に各水準の処理平均（細実線）を記入

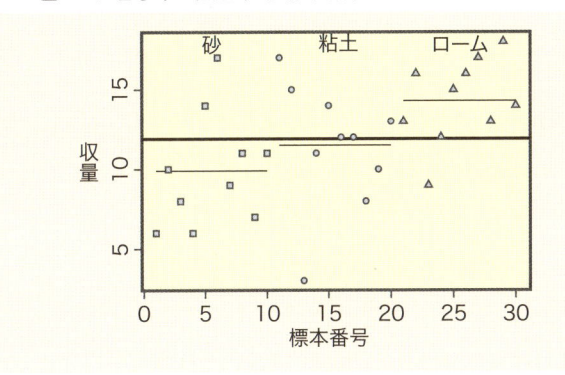

太実線で示された総平均がデータセット全体の"真ん中"を示す基準値であるのに対し，細実線で示された処理平均は各水準に限定された"真ん中"を示す基準値といえます．同じ"サーチライト"ではあっても，総平均と処理平均ではその射程の広さに違いがあります．

誤差偏差：error deviation. 水準内データ−処理平均

処理平均によって各水準ごとの"真ん中"が確定したならば，各水準内のデータの"ばらつき"を**誤差偏差**として表示できます（図2-5）.

図2-5 各処理平均を基準として水準内のデータの誤差偏差（細点線）を図示

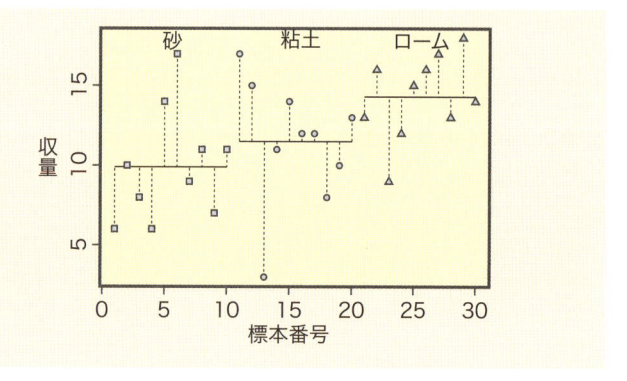

これにより水準ごとの挙動を視覚化することができ，比較しやすくなりました．もし平均も偏差も水準ごとの差がなければ，ばらつく原因は偶然誤差であるといえるでしょう．しかし通常はここから統計計算が必要になっていきます．

このように，元のデータセットに対して"真ん中"を示す平均と"ばらつき"示す偏差という2つの"サーチライト"を導入することで，データセットのふるまいに関する「可視化」がきわめて直感的に実現されることが理解できるでしょう．

データのもつ"ばらつき"は数値のままでは可視化できません．

しかし，前述したように一つひとつグラフ化することによって，私たちは"ばらつき"のもつ構造を直感的に理解することができるようになります．

Ⅳ部に登場する分散分析という方法の基礎には，データの"ばらつき"こそ情報ソースなのだという信念があるのです．

「 グラフ化することによって，私たちは"ばらつき"
　　のもつ構造を直感的に理解することができる　」

> 平均をとるという考え方は昔からあったのですか？

意外なことに統計学の歴史を振り返ると，データセットの"真ん中"の指標として「平均」を用いるという考え方は17世紀以前にはまったく見当たらないと統計学史家イアン・ハッキングは指摘しています：

> 平均化という概念自体が新しいものであり，1650年以前には人々は平均をとらなかったので，平均を観察できた人はほとんどなかったのである．

Ian Hacking：1936-

『確率の出現』（イアン・ハッキング／著　広田すみれ，森元良太／訳），慶應義塾大学出版会，2013，p.155 より引用
→p.180

直感的に理解しやすい平均でさえ歴史的に新しい概念であるとしたら，平均を踏まえたデータのばらつきの指標を考えつくのがさらに遅れたとしても不思議ではありません．

　指標としての平均と偏差は数値的なデータ解析のスタートラインをも与えます．直感的なデータ解析から定量的な統計的データ解析への移行に複雑難解な数学は必要ありません．私たちに求められているのは，自らの目でしっかりデータを見る姿勢にほかならないのです．

3 王国の考え方を身につけよう
―アブダクション

　全数調査のように母集団をすべて調べ尽くす状況では，データセット（＝母集団）は集められた全情報の要約という記述統計としての意味をもちます．

　一方，母集団からの有限個のサンプル抽出を考える推測統計の場合には，ばらつきのある，すなわち変動のあるデータに基づいて，母集団に関する未知パラメーターを推論するという状況が生じます．

　通常のデータ解析は有限個の標本データに基づく推測統計を意味しているので，既知の知見から未知のものを推論するという過程が

記述統計→p.65

推測統計→p.65

未知パラメーター：真の平均や分散の値．より厳密にいえば，母集団の平均や分散など推定すべき母数．

必ず含まれます．

　データ解析の第一段階であるデータの可視化はその後に続く統計的推論の方向づけをするきわめて重要な意義を担っています．

　実験や観察によって得られたデータはそのまま鵜呑みにはできません．データに含まれているかもしれないさまざまな間違いやノイズ，ばらつきや偏りは，データを蓄積しさえすればいつの間にか真実に到達できるという"バケツ理論"の素朴な実証主義とは相容れません．むしろ，観察されたデータを批判的に吟味することにより，必要に応じて"サーチライト"を照射しながらデータのふるまいを調べるスタンスが必要でしょう．

統計的推論はアブダクションである

アブダクション：
abduction

帰納：観察の蓄積により真実の一般則を導くこと
演繹：一般的な前提から論理的に正しい結論を導くこと

　データ解析を踏まえた統計学的推論は**アブダクション**という推論形式に従っています．推論様式としてのアブダクションは，伝統的な帰納や演繹とは異なり，データを説明するために立てられた仮説の真偽を問いません．同一のデータを説明しようと競合する複数の仮説の間で，データを証拠とする相対的なランキングを与え，それを踏まえてもっともよい仮説を選び出します．

歴史学者カルロ・ギンズブルグはデータがもつ情報的価値について次のように述べました：

> 資料は実証主義者たちが信じているように開かれた窓でもなければ，懐疑論者たちが主張するような視界をさまたげる壁でもない．いってみれば，それらは歪んだガラスにたとえることができるのだ．

Carlo Ginzburg：1939-

『歴史・レトリック・立証』（カルロ・ギンズブルグ／著 上村忠男／訳），みすず書房，2001，p.48より引用

ギンズブルグはデータを鵜呑みにしたり頭から拒否することなく目の前のデータ（資料）を批判的に検討する態度が必要だと強調しました．データが仮説に対してもつ証拠として価値を認めるギンズブルグの結論は統計学の立場からも吟味する価値があります：

> ひとは証拠を逆撫でしながら，それをつくりだした者たちの意図にさからって，読むすべを学ばなければならない．

C. Ginzburg：前掲書，p.46より引用

データという"歪んだガラス"を通して見るということは，データ

と仮説のいずれに対しても「真偽」を問うことなく，もっと弱い論理的関係を両者の間に置くことです．それはまた，目の前にある観察データをそれぞれの対立仮説がどれほどうまく説明できるかを数値化し，その善し悪しによってランキングするという意味でもあります．

対立仮説→p.154

　証拠としてのデータが仮説に与える経験的支持は，演繹や帰納が含意する論理的真偽に比べればはるかに弱い関係ですが，それでもなおデータによる仮説の選択力は失われてはいません．私たちは証拠によってより強く支持される仮説を選ぶという基準を置くことができるからです．

「　　　　データは"歪んだガラス"
　　　 ―"開かれた窓"でも"視界を妨げる壁"でもない」

アブダクションは真偽を問題としない

　ここまでを整理しましょう．そもそも私たちがデータを取るのは，そのデータに基づいて何らかの推論を行なうためです．データに基づく推論は一般的に「アブダクション」という論理形式をもつと言いました．アブダクションという推論の本質は，データに照らした

とき，数ある仮説のいずれが"ベスト"であるかを判定することです．

　アブダクションの要点は，選び出された"ベスト"の仮説が必ずしも最終的な"真実"である必要はないことです．時々刻々と変わるデータを前にして，私たちは「真実は何か？」と血眼になる必要はありません．ある時点で"ベスト"と判定された説明が，あくる日には"ベスト"の地位から陥落したとしてもまったく何の問題もありません．

　"ベスト"は究極的な真実とはかぎらないという点を理解することはとても重要です．

　絶えず変わり続けるデータに対してその都度アブダクションを実行し続ける作業に終わりはありません．統計的データ分析もまた同じく，果てしない推論の連鎖がよりよい仮説や説明を私たちに提示してくれるのです．

　統計学はひと振りすれば真実をつかみとれる打ち出の小槌ではあ

りません．

　データが変わればそれとともに"ベスト"の仮説はどのように変わるのかを追跡するためのツールが統計的手法なのです．

「　　　選び出された"ベスト"の仮説が
　　必ずしも最終的な"真実"である必要はない　」

統計的モデルをつくるのは人間である

　統計的データ解析と聞けば，ふつう，データを統計学的に「説明」することと思われるでしょう．

> 「説明」とはどういうことか，正直にいうと，わかるようでわかりません．

　それについて考えてみましょう．観察データを前にした私たちは，データからいったい何が言えるのかについてあれこれ考察を重ねます．たとえば図3-1の私が作成した仮想データ例を見てください．

図3-1 　4通りの仮想的化学実験での反応基質量と生成物量の観察データの散布図

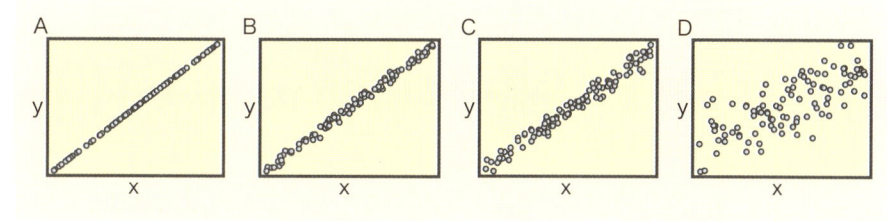

A～Dの順にばらつきが大きくなっています．

　図3-1は，仮想的な化学実験での反応基質量と生成物量の観察データの散布図で，それぞれの実験では生成物量の偶然的ばらつきの大きさが異なっています．いずれの仮想実験でも，反応材料である基質量を変化させたときに反応後の生成物量がどのように変化するかを調べるために，各100回の実験をくり返しました．得られた観察データは散布図中の○で表示されています．それぞれどのようなイメージをもちますか？

> 図3-1Aは正の比例関係があるように思えます．

　そうですね．たとえば，生成物量のばらつきがない図3-1Aの実験結果を見たとき，私たちは直感的に基質量と生成物量との間には"正の比例関係"，すなわち基質量が増えれば生成物量も比例して増

えるという直線状の相関性を強くイメージします．生成物量のばらつきがより大きい図3-1B，Cでも，まちがいなく大半の読者は同様の"正の比例関係"のイメージを抱くでしょう．ばらつきが最大の図3-1Dになると，ちょっと見ただけではわかりづらくなりますが，それでも"正の比例関係"をイメージすることは困難ではないはずです．

可視化されたデータを説明するために私たちが仮定（イメージ）する変量間の関係性，これがまさしく「モデル」とよばれるものです．得られたデータをどのように説明できれば，すなわちどのようなモデルを想定すれば私たちは納得できるのでしょうか．

統計学のリクツや数式を持ち出す前に，私たちはデータとの「対話」を通して可能性のある「モデル」を心のなかで造形する必要があります．

これまで私が「生のデータをさまざまなグラフを用いて視覚化するのが先決である」と強調したのは，データとのこの視覚的な対話が統計的データ解析の次の一歩となるモデルの構築を左右するからです．

統計学の立場から図3-1についてもう少し詳しく見直しましょう．

この仮想実験では，基質量と生成物量という2つの変数の間に何らかの「直線的関係」があるというモデルを仮定しても問題ないと考えられます．この直線的な関係性を数式によって表現するならば，基質量（X）と生成物量（Y）に対する，Y = aX + b（aとbは定数）という一次関数となります．一次関数によって記述される統計モデルは**線形モデル**とよばれ，統計モデリングのなかではもっともよく用いられるタイプのモデルです．

　実際に図3-1の仮想データを用意したとき，私は「生成物量＝基質量」という直線的比例関係の式を与えたうえで，生成物量にランダムなばらつきを付加しました．つまり，私が与えた式は「生成物量＝基質量＋ばらつき」となります．図3-2では，図3-1の各実験ごとに私が設定した比例関係の式のグラフを重ねました．

2つの変数：正確には確率変数あるいは変量とよぶ．→p.7

線形モデル：linear model.
線形統計モデルともいう．

図3-2　仮想的化学実験（図3-1）での散布図を作成する際に私が用いた比例関係式のグラフを重ね書きした

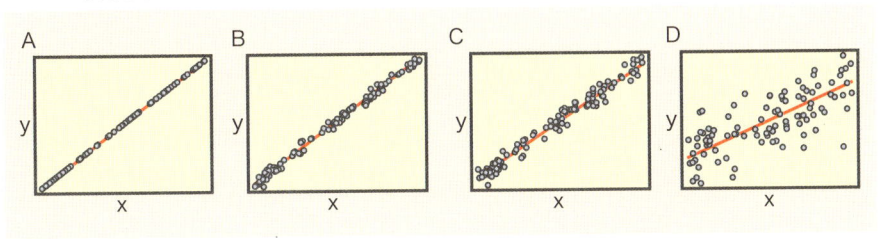

読者のみなさんはこの式の直線が自分が予想したイメージ（すなわち線形モデル）から大きく外れていないことに安心したのではないでしょうか．

「　　データとの「対話」を通して可能性のある
　　　　「モデル」を心のなかで造形する　　　　」

遭難防止の7つの狼煙台
その2：アブダクション

　データを十分に「逆撫で」したうえで最良の仮説へのアブダクションをすることが統計学の最終目標です．そのためには，何の熟慮もなく単に「計算」するのではなく，前もってデータをよく「見る」心構えが私たちには求められています．

　統計解析に先立つデータ処理の"核心"は「視覚化」にあります．

　生のデータの挙動がよく"見える"ようなグラフを描くこと，そしていろいろなグラフを併用して視点を変えてデータを"見つめる"ことは，私たちの直感的な"統計センス"と生得的な"認知的能力"のもつ利点を積極的に活用したデータ解析の第一歩となります．

ばらつきのあるデータを前にして私たちがなすべきことは，このデータからどのような結論を導き出すかということです．しかし，データからの合理的推論という作業は，ギリシャのアポロン神殿の神託のような紛れもない「真実」を探し求めることではありません．本書でくり返し登場する「アブダクション」という推論は，真実を突き止めることをめざしてはいません．

　アブダクションによって今あるデータのもとで最も妥当な結論を選び出したとしても，さらにデータが蓄積されたならば，その結論は実は間違っていたことが後になってわかるかもしれないからです．むしろ重要なことは，この世のどこかにあるかもしれない真実をむなしく探し続けるのではなく，ある時点で下せる最もリーズナブルな結論を重視しようとする姿勢にあるでしょう．

> **追加質問**
> 帰納とアブダクションの違いは真偽を求めるか否か，であっていますか？
>
> その通りです．帰納は，個別のデータを積み重ねて普遍的な一般則を導くタイプの論証様式です．データに基いて真実の法則を発見するのが帰納です．一方，アブダクションはあるデータセットを説明する上で，対立する仮説のいずれが相対的により良い説明ができるかを基準に推論を行ないます．真偽は問われないのです．

4 モデルの向こうに見えるもの

Ⅰ 素朴統計学のススメ

　データ解析の現場では変量間の関係を支配する"真"の式はいつまでも未知のまま現象の背後に隠れています．

　私たちにできることはデータとの視覚的対話を通して，自分が立てたモデルがどれほど説得力のある説明を提示できるのかをアブダクションを通して明らかにすることだけです．この「統計モデリング」について本章ではお話しましょう．

モデルと本質

> 観察データにモデルを当てはめる意味は？ そもそもモデルを立てることが目的ではないの？

　有限個のデータ点に対して線形モデルを当てはめるとき，私たちはある信念を発動しています．

　それは，観察データの背後には不可視の一般的な関係性・規則性（本質）が潜んでいて，それが現実世界に可視化された結果，すなわち観察データの生起を支配しているという信念です．

　図4-1の例でいえば，基質量と生成物量との間には直線的な比例関係があるという"本質的"な規則性があって，個々の観察データ点はこの本質的関係性から生み出されたという信念を支持しています．

図4-1 仮想的化学実験の散布図と比例関係式（再掲）

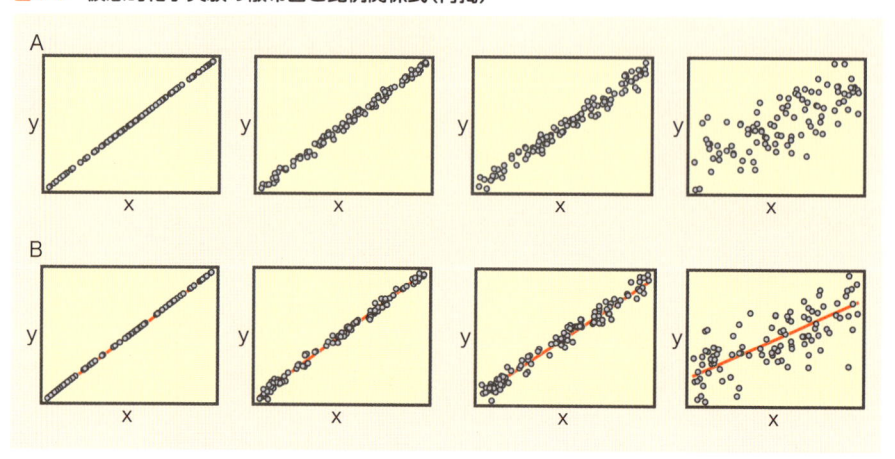

　もちろん，図4-1Bを見ればすぐにわかるように，ある基質量のもとで直線的な比例関係から期待される生成物量と実際に観察された生成物量との間には違いがあります．しかし，その違いは背後に潜む直線的な比例関係が間違っていることを意味するのではなく，現実のデータはランダムな**ばらつき**（誤差）をともなって出現しているからだと解釈されます．

　「生成物量＝基質量＋ばらつき」という私たちのデータ解釈は，「実現値＝期待値＋誤差」という統計学的思考の根源と深く結びついているのです．

「　「**生成物量＝基質量＋ばらつき**」という
　私たちのデータ解釈は，「**実現値＝期待値＋誤差**」
　という統計学的思考の根源と深く結びついている」

モデルは心のなかにある

観察データの背後には不可視の**本質**があるという信念は**心理学的本質主義**とよばれています．私たちが想定するモデルは観察データを説明するための「心理的本質」を可視化しているとみなすならば，心理的本質主義の観点から統計学における「説明」の意味がすっきりと理解できます．

私たちはもともとばらつきをもったデータ点を一つひとつ別々に理解することはありません．むしろ，データセットの全体を一挙に説明できる共通要因（心理的本質）を仮定し，その共通要因を通してより単純な説明を試みます．

データ解析における「モデル」はまさにこの要求に応えているといえるでしょう．

複雑な現実を単純なモデルによって説明しようとするのは私たちの側の事情であって，現実世界が単純であるからとは決していえま

本質：essence

心理学的本質主義：
psychological essentialism

せん．むしろ，私たちのもつ認知的特性と整合性の良い単純なモデルによる説明を妥当なものとして受け入れていると考えるべきでしょう．

図4-1Aのデータを見ただけでは決して図4-1Bの"真"に到達することはできません．たとえ自明であるように見えたとしても，私たちが行っていることはあくまでもアブダクションという推論です．図4-1Bを見て安心できたとするならば，それは私たちが既知のデータから推論したモデルが，仮想実験を実行したときの"真"の変量間関係と一致したからにほかならないからです．

「　　共通要因を通して単純な説明を試みる　　」

推測統計学におけるモデルの役割
―既知から未知へのアブダクション

コンピューターの計算能力が飛躍的に向上したことと，さまざまな統計解析ソフトウェアの開発が進展したことにより，かつてよりも格段に複雑な統計モデルを用いてデータ解析をすることが可能な時代になりました．これは多くの統計ユーザーにとって基本的には

歓迎すべき状況です．

しかし，その一方で，ユーザー側に要求されるハードルもまた高くなりつつあります．統計モデリングの技法は今後も着実に高度化し続けるでしょう．そのための備えとして，私たちはデータ解析におけるモデルの果たす役割についての理解をしておく必要があります．

データを解析する立場としての**記述統計学**と**推測統計学**の間には根本的なちがいがあります．たとえ同じ観測データを見ていても，基本的な問題設定と具体的な目標が両者では異なるために，手順と方法に差が生まれます．

記述統計学：descriptive statistics

推測統計学：inferential statistics

記述統計学のゴールは，目の前にあるデータセットの様相（パターン）の理解にあります．記述統計学の唯一の任務は目の前のデータのふるまいを集計し要約することです．

一方，推測統計学では，観測されたデータセットはその背後に潜む仮想的な**母集団**からの無作為標本であると仮定されます．そして，母集団から抽出されたデータに基いて，母集団に関する推論をするという別の任務を担います．記述統計学と推測統計学とはそもそも

母集団：population

目指すゴールが異なっているのです．

　極端な例として全数調査（悉皆調査）というケースを考えてみましょう．全数調査とは文字通り母集団のすべての調査対象を調べ尽くすことです．

　このとき，母集団からの標本抽出は原理的にありえません．全対象を調べあげているわけですから，有限個の標本の無作為抽出という概念そのものが不要になるということです．また，記述統計学は全数データの要約という任務を担うことができますが，推測統計学は全数調査ではもはや出番がありません．母集団をすべて調べつくしたので，ほかに何も推定すべき対象がなくなってしまったからです．

　推測統計学におけるアブダクションは，有限個の観察データという既知の情報に基づいて，背後にひかえる未知の母集団に関する推論を行ないます．

　そのためのツールが，これまで述べてきたモデルです．

　推測統計学でのモデルは，抽出された標本（サンプル）のふるまいを支配していると仮定される母集団の一般的規則性を明示化したものです．アブダクションという推論を通じて，データのばらつきを確率分布という数式によって記述したり，母集団の未知パラメー

ターをデータに基づいて推定する**パラメトリック統計学**の世界に私たちはすでに足を踏み入れているのです．

「　　　有限個の観察データという認知から
　　　未知の母集団に関する推論をするツールがモデル」

よりよいモデルとは何か？

　既知から未知への跳躍をもくろむアブダクションには「心理的本質主義」の発動が求められます．観察データをじっと見つめる私たちは，既知の情報断片を何とかうまくつなぎあわせて未知の説明原理や法則性を導出しようとします．運よくデータを"きれいに"説明できるモデルが構築できる見込みがあるならば，そのとき私たちは現実世界での観察データを支配する不可視の"本質"をつかむことができたという信念をもつでしょう．この意味で，統計モデルは人間のもつ心理学的本質主義を映す鏡であるということができます．

　図4-1では変量間の単純な直線的関係性を例にとって，データとモデルとの関係について説明しました．それよりも複雑な例を図4-2にあげました．

図4-2　二変量間の関係を示すいくつかの散布図

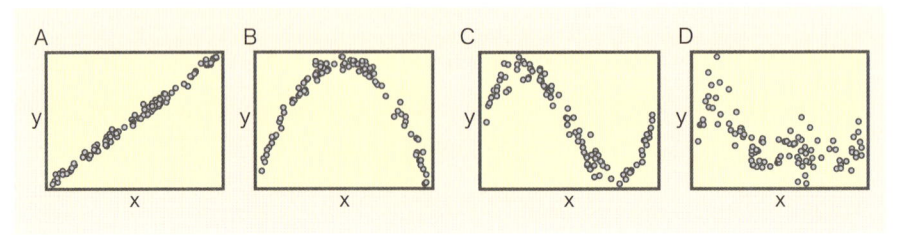

　この図4-2Aは，図4-1Aと同じく，変量間の直線的関係性をモデルとして採用するならば容易に説明できるでしょう．

　しかし，図4-2Bの場合はそうはいきません．この場合は何らかの曲線的な関係式をモデルとして要求されるでしょう．

　同様に，図4-2Cの場合はより複雑な曲線関係をもとに説明しなければならないでしょう．それでも，図4-2Bならばモデルとして二次関数を当てはめ，図4-2Cならば三次関数を当てはめる読者がきっと多いのではないでしょうか．

　しかし，図4-2Dのケースでは，当てはめるべきモデルに関する読者の意見はわかれるにちがいありません．

　単純な図4-1の状況では表面化しなかった問題点が，ここで浮上してきます．それはある観察データに対してどのようなモデルを当

てはめるべきかは先験的には決めることができないという点です．図4-2の作図をする上で私が用いた"真"の変量間関係を重ね書きすると図4-3のようになります．

図4-3　図4-2の散布図を作成する際に用いた関係式のグラフを重ね書きした

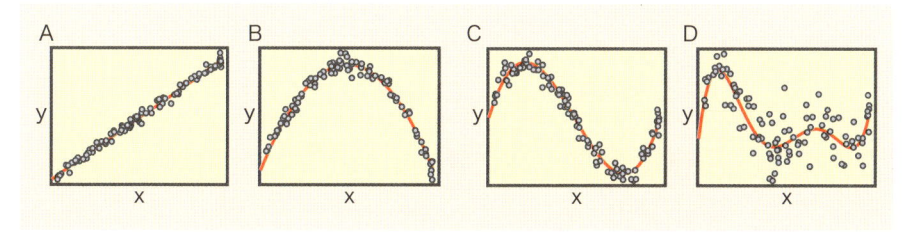

図4-2D以外の3つのケースについてはおそらく大半の読者の予想通りでしょう．しかし，図4-2Dの関係式をデータから推察することは誰にとっても不可能だったにちがいありません．

「　　　　ある観察データに対して
　　　モデルを先験的に決めることはできない　　　」

統計におけるオッカムの剃刀

アブダクションは可能なモデル群からデータに照らして"ベスト"

を選び出すことであると述べました．図 4-2D 以外の 3 つの場合は，現実味のあるモデルは最初から 1 つしかなかったので，相対的な判定をするまでもありません．しかし，図 4-2D の場合は当てはまりそうなモデルの選択肢はいくつかあるでしょう．このケースの"真"の変量間関係は五次関数によって支配されています．したがって，ある程度の高い次数をもつ複数の関係式はアブダクションの対象として列挙できるでしょう．

アブダクションは「真実」を言い当てる予言を行なうのではなく，観察データを説明するには選択肢中のどのモデルが「よりよい」かを比較検討する推論作業です．

ここでいう「よりよいモデル」とは「より真実に近いモデル」とはかぎりません．むしろ，既知の知見から未知への推論の観点に立って，どのモデルが"ベスト"であるかを考えることが肝要です．

たとえば，図 4-2D において，関数の次数を上げてモデルをもっと複雑にすれば，データとの当てはまりももっとよくなるでしょう．しかし，複雑すぎるモデルはデータのちょっとしたノイズや変動に

> **追加質問**
> 統計モデルのよしあしの評価基準はどのようなものですか？
>
> 一見すると，複雑なモデルほど目の前のデータセットに対してより正確にあてはまって良いだろうと思いがちです．しかし，複雑すぎるモデルはデータを追いかけすぎて，実用的には不安定になるという欠点〔あてはめすぎ（overfitting）と呼ばれます〕が表面化します．この点ではむしろ単純なモデルの方がすぐれているといえます．与えられたデータセットのもとで，よりよいモデルを選ぶための基準と手法については「モデル選択論」という統計学の分野で詳しく議論されています．

過敏になりすぎるという弊害があります．

　科学哲学者エリオット・ソーバーは，アブダクションに基づくデータからの推論には**最節約原理**が重要であると論じます．数ある対立モデルの中から，できるだけ"単純"なモデルを用いてデータを説明するという最節約原理は，哲学の世界では，長らく**オッカムの剃刀**とよばれてきました．複雑なモデルではなく，より単純なモデルをもってデータを説明しようと試みることは，統計学的データ解析にとってきわめて重要な選択基準です．

Elliott Sober：
1948–

最節約原理：
the principle of parsimony

オッカムの剃刀：
Occam's razor

『過去を復元する：最節約原理，進化論，推論』（エリオット・ソーバー／著　三中信宏／訳），勁草書房，2010

> 「**複雑**なモデルではなく，より**単純**なモデルをもってデータを説明しようと試みる」

遭難防止の7つの狼煙台
その3：統計モデリング

　データと"対話"するよりどころとして「モデル」という概念を提示しました．統計的データ分析を進めるうえでモデルをどのように設定するかはたいへん重要です．

　多くの読者は，統計モデルというと，複雑で難解な数式で表現さ

れるものという先入観を抱くでしょう．しかし，本章で説明したように，モデルはばらつきやノイズのあるデータを前にした私たちが，どのような規則性やパターンを思い描けばうまい説明ができるかどうかという心理的な要因から，自然と発せられるものです．

　直感的にうまい説明をするために統計モデルはたいへん役に立ちます．

5 ばらつきを数値化する

Ⅱ 統計王国への参道

　統計モデルはパラメトリック統計学の中核です．現実世界の現象から得られたデータからいかにして"数理的"に推論を進めるかにパラメトリック統計学は関心を向けてきました．本章からは，そのパラメトリック統計学へとつらなる参道を登りはじめます．データのばらつきの数値化を目指して第一歩を踏み出しましょう．

　5章ではデータセットのばらつきを数値化する方法とばらつきを視覚化する方法を紹介します．6章ではばらつきの尺度である平方

和がデータ数の影響を受けることを解説し，自由度という重要な概念を導入します．

ばらつきを集計する

　第1章で，統計学者ジョン・W・テューキーが開発した箱ひげ図について解説しました．データのふるまいを直感的に視覚化する箱ひげ図は今なお広く用いられています．箱ひげ図を作図する基本的な考え方は，データを大小順に並び替えたときの"真ん中"をあらわす中央値（メディアン）を基準として，データのばらつきを「箱」，「ひげ」，および「外れ値」として表示しました．

　以下では，パラメトリック統計学の観点から，箱ひげ図によって視覚化されたデータのふるまいがどのように数値化されるのかを考えましょう．用いる例は第1章でとりあげた栽培土壌条件を変えたときのある作物収量データです．

　この例では，3通りの栽培土壌条件での作物収量を各10標本ずつ測定したデータが得られました（**表5-1**）．計30個のデータから**平均値**を計算するのはきわめて容易です．この場合11.9になりますね．この平均値は中央値に代わる数値化された"真ん中"の指標です．第2章では，この平均値から見て各データがどのようにばらつくかに

標本平均ともいう．

表5-1 栽培土壌条件を変えたときのある作物収量データ

標本番号	作物収量	栽培土壌
01	17	粘土
02	15	粘土
03	3	粘土
04	11	粘土
05	14	粘土
06	12	粘土
07	12	粘土
08	8	粘土
09	10	粘土
10	13	粘土
11	13	ローム
12	16	ローム
13	9	ローム
14	12	ローム
15	15	ローム
16	16	ローム
17	17	ローム
18	13	ローム
19	18	ローム
20	14	ローム
21	6	砂
22	10	砂
23	8	砂
24	6	砂
25	14	砂
26	17	砂
27	9	砂
28	11	砂
29	7	砂
20	11	砂

着目してデータセットのふるまいを視覚化しました．

> ばらつきを今度は数値化するのですね．どのようにすればよいですか？

偏差：deviation

　それには「データ値－平均値」によって定義される**偏差**を用いるのが適切です．ここで問題になるのは，各データが平均値から正または負の方向にどれだけずれるかは偏差によって数値化できても，データセットが全体としてどれくらいのばらつきをもつかはそれだけではわからないという点です．

> データ点一つひとつのもつ偏差を集計すればよいのではないですか？

　単に"集計"するだけであれば，すべての偏差をそのまま足しあわせればいいではないかとつい考えてしまいますが，そのやり方には大きな欠点があります．

全データの偏差の総和は「データ値総和－平均値×データ数」です．

　ところが，平均値はもともと「データ値総和÷データ数」なので，偏差の単純な総和「データ値総和－平均値×データ数」はゼロになってしまいます．偏差の符号は，データが平均値よりも大きければプラスに，小さければマイナスになります．

　偏差の総和をとると正負が全体として相殺してゼロになってしまうということです．これではデータ全体のばらつきの"大きさ"を数量的に評価できません．

平方和はばらつきを数値化する

　私たちがいま知りたいのは，各データが平均値から**どれくらい離れているかの**"大きさ"であって，偏差の正負そのものではありません．

　偏差の符号を取り去る最も簡単な方法はその絶対値を計算することです．

　それぞれのデータごとに得られる偏差の絶対値の符号は非負ですから，偏差絶対値を総計すれば，確かにデータセットのばらつきをあらわす数値は求まるでしょう．ただし，絶対値を計算するには，偏差の正負によって場合分けをしなければならないのが面倒です．

そこで考案されたのが，偏差の絶対値ではなく**その平方値を求め**るという方法です．

各データごとに計算された偏差を二乗（平方）したうえで，全データにわたってその偏差平方の総和を求めます．二乗した時点で偏差平方は必ず非負の値になり，しかも基準である平均値から離れるほどその値は大きくなります．したがって，この**偏差平方和**はデータ全体の平均値からのばらつきを数値化する尺度として適しています．表5-1 では 414.7 となります．

> 偏差平方和：sum of squares, 略して「平方和」と記されます

平方和も視覚化できる

少し本題から逸れますが，ここで平方和の視覚的イメージをお見せしましょう．

ある花の「花弁幅」と「花弁長」を 150 標本について計測したあるデータセットについて，この 2 つの計測項目をセンチメートル単位で図示したのが図5-1 です．

図5-1　ある花の2種類の計測データに関する蜂群図

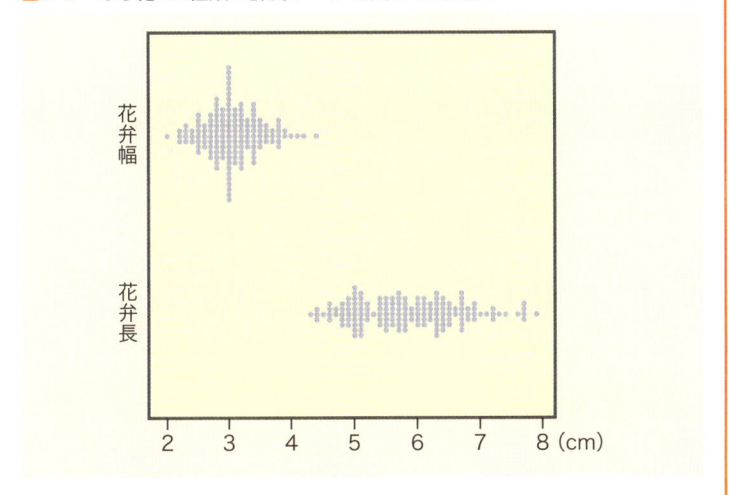

　ここに用いたグラフは**蜂群図**とよばれ，各データ点（●）がどのようにばらついているかを点が積み上がる"幅"によって視覚化します．●の集積した幅が広い箇所は頻度が高いことを意味します．

　蜂群図を用いると，この2つの計測データがどのようにばらついているかが一目で視覚化できます．実際に平均と平方和を計算すると次のようになります．

蜂群図：bee swarm plot

	平均	平方和
花弁幅	3.06	28.31
花弁長	5.84	102.17

単位はセンチメートル

実測値では平均の位置がそれぞれの蜂群図で異なります．いま，平均がゼロになるようにデータをセンタリングすると，次の図5-2のようにもっと見やすい図になります．

> センタリング：各データ点からデータセットの平均値を引く

図5-2 各計測データの平均値によってセンタリングした蜂群図

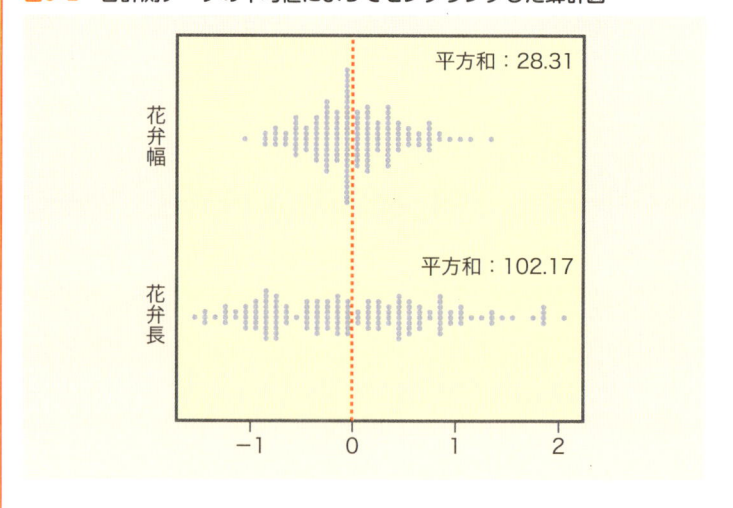

センタリングした結果，それぞれの計測データセットは平均値ゼロ（赤の破線）になります．平方和の値はセンタリングしても変わ

らないので，各データセットの平方和がより直感的に理解しやすくなりました．データセットの平方和の大小はデータが平均からどれくらい遠くまでばらつくかの視覚イメージとうまく連動しています．平方和がより小さい花弁幅データセットは，平方和がより大きな花弁長データセットよりも，平均まわりの狭い範囲にばらつきが限られていることがわかります．

　このように2つのデータセットが同数のデータを含んでいるときには，前述したように，蜂群図と平方和が直感的にわかりやすい結果になります．

　ところが，次章で説明するように，データセットによってデータ数が異なる場合には，平方和は必ずしも私たちの直感とは合致しなくなってしまいます．

自由度とは何か

Ⅱ 統計王国への参道

データのもつばらつきの情報をいかに利用するかは統計的データ解析の根幹です．5章ではこのばらつきをいかに数値化するかを解説しました．今回はその続きで，データセットのばらつきを数値化する平方和についてさらに説明を続けます．

データを集計するだけの記述統計学とは違って，データが取られた元の集団（母集団）に関する推定をする推測統計学にとって，データからの推定が真の値にどれほど近いかは重要な問題です．自由度を用いることで，私たちははじめてばらつきの尺度である推測統計

学的に妥当な「分散」の概念に到達できます．データセットのふるまいを表す「平均」と「分散」が数値化されることにより，パラメトリック統計学の参道の終点が見えてきます．

平方和はデータ数に影響される

5章で，それぞれのデータの偏差平方を集計した平方和という数値尺度を使えば，どんなデータセットであっても，ばらつきの程度を数値化することができるということを紹介しました．ここで問題になるのは，異なるデータセットの間でばらつきの程度を比べるにはどうすればいいのかという点です．

確かに，それぞれのデータセットについては平方和の値さえあれば十分でしょう．しかし，2つのデータセットのばらつきの大きさを比較しようとするとき，単に平方和の大きさを比べるだけでは十分とはいえません．

偏差平方の総和である平方和という統計量は**データ数**という重要な要因を全く考慮していないからです．

まずはじめに，そもそもデータ数が平方和の大きさにどれほどの影響を与えるかを実際にお見せします．

2つのデータセット：前回も使用した，ある花の「花弁幅」と「花弁長」のデータセット

　　図6-1Aの2つのデータセットはともに150個という同数のデータを含んでいます．ここで，花弁長データ計150個から無作為に30個のデータ点を抽出するという操作をします．花弁長データを元の1/5のサイズに減らすということです．実際にこの操作をした結果を図6-1Bに示します．

図6-1　データ数に影響される平方和の例

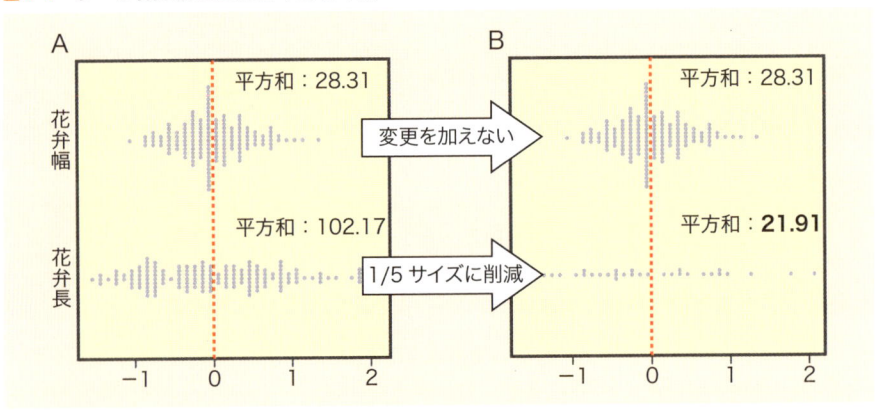

A)　　　　　　　　　　　　　　　　　　B)

花弁幅　平方和：28.31　→ 変更を加えない →　平方和：28.31

花弁長　平方和：102.17　→ 1/5サイズに削減 →　平方和：**21.91**

A) 元データ．花弁幅，花弁長ともに150個のデータを含む．B) データ数の変更を加えない花弁幅データの蜂群図（上）と，花弁長データ数を無作為に1/5のサイズ（30個）に削減したときの蜂群図（下）．

　　データ数が150個のままの花弁幅データと1/5のサイズに削減した花弁長データの蜂群図を平均値でセンタリングしてこのように並置すると，データのばらつきに関していえば，削減前と同様に範囲がより狭い花弁幅データよりも，横に広がる花弁長データの方が

"直感的"にはより大きいことがすぐにわかります.

ところが,実際に平方和を計算すると,1/5に削減された花弁長データは「21.91」となります.削減されない花弁幅データは「28.31」でしたから,見かけのばらつきと平方和の値とは逆の結果を示します.

平方和の欠陥

このような"逆転"が生じる原因は平方和のもつ基本性質にあります.平方和は個々のデータがもつ偏差平方をデータセット全体にわたって足し合わせて求めます.平均値まわりのごく狭い範囲にデータの分布が集中しているとき,一つひとつの偏差平方は小さな値であったとしても,データ数が十分に大きければ総和としての平方和の値はより大きくなるでしょう.

一方,平均から遠くにまで散らばっているデータセットの場合,確かに個々の偏差平方は大きな値を取るでしょうが,データ数が小さいならば,集計した平方和としてはデータ数が大きいデータセットにはかなわないかもしれません.

データ数の違いを考慮しないという点で,平方和はデータのばらつきの数値尺度として大きな欠陥をもっているということです.

データセット間で比較できるばらつきの指標へ

> 複数のデータセットの"ばらつき"を互いに比較するとき，データ数の違いをどのように補正すれば，より"公平"な比較が可能になるのでしょうか．

「高等学校の確率・統計」(黒田孝郎，森 毅，小島 順，野崎昭弘／著)，筑摩書房，2011

高校数学「確率・統計」の検定教科書に書かれているやり方は，「平方和÷データ数」という方法です．

たとえば，2つのデータセットのデータ数がそれぞれ10と100であったとき，各データセットから計算された平方和を対応するデータ数で割り算することで"補正"するわけです．この方法は直感的にとてもわかりやすいという利点があります．平均を計算するときに，データの総和をデータ数で割り算するのと全く同じやり方で，偏差の平方和をデータ数で割り算すればいいからです．

ところが話はそう簡単ではないのです．データ数で割り算すると不適切な結果をもたらす簡単な数値例をお見せしましょう．

この図6-2Aは，ばらつきの値が正確に「1.0」（緑破線）であるこ

図6-2　平方和をn−1で割る理由

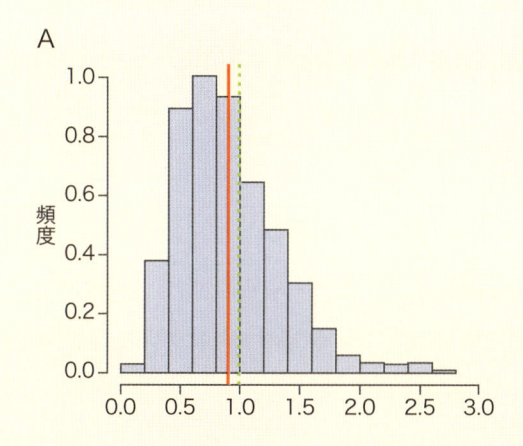

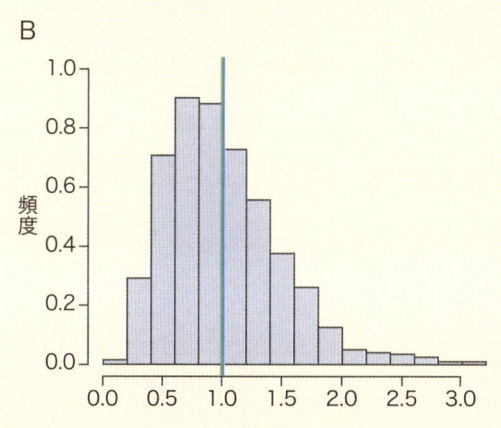

A

B

真の"ばらつき"が値1.0（緑破線）である母集団からサンプリングしたとき，**A)**「平方和÷データ数」による推定（赤線）．**B)**「平方和÷（データ数−1）」による推定（青線）．

とがわかっている無限個のデータ集団から，無作為に10個のデータを抽出するというシミュレーションを1,000回くり返して得た結果です．縦軸は**頻度**を表しています．

シミュレーションによって得られた1,000個の平方和をデータ数10で割り算した値のヒストグラムとその平均を赤線で示しました．

すぐわかるように，平方和をデータ数10で割った値は真の値1.0よりも小さくなり，過小推定しています．「平方和÷データ数」という"補正法"では，この実験で最初に与えたばらつきの真値を正しく導くことはできないようです．

次の**図6-2B**は，**図6-2A**と全く同じシミュレーションに対して，平方和を「データ数－1」で割った値のヒストグラムとなります．その平均は青線で示しました．

平方和を「データ数－1」で割ると，ばらつきの真値にきわめて近い値が得られることがわかります．

このシミュレーションを何回くり返しても，真の緑線により近いのは青線であり，赤線は常に過小推定してしまうという傾向にかわりはありません．

「データ数－1」は**自由度**とよばれます．統計学を学ぶうえで，こ

頻度：frequency

ヒストグラム：度数分布表とも．データセットを階数に分け，階数ごとのデータ出現回数をグラフ化したもの．

自由度：degree of freedom

の「自由度」という概念は難物であるようで，私は過去にくり返し次のような質問を受けた経験があります：

> 自由度は自由に動かせる変数の数で，Xなどを用いると自由度が1つ減るという話でしたが，抽象的すぎてわかりません．数学なので自由度がいくつかというのは必然性があると思うのですが，どういう理由で一意に決まるのですか？

次の節ではこの疑問への回答をしましょう．

自由度は推測統計学に通ず

　私たちはそもそも何のために平均や平方和を計算するのでしょうか．それは統計学の根幹にかかわる問題です．

　たとえば，目の前に10個の数字（データ）があるとき，そのデータの特徴を集約する目的で平均を計算したり，平方和を求めることができます．これは記述統計学的な統計計算の考え方です．

記述統計学→p.65

　記述統計学がめざすところは，データの特性や挙動を数値的に描

き出すことです．そして，記述統計学の世界にとどまるかぎり，データセットのばらつきをそのデータ数によって補正することには何も問題はありません．

ところが，前述の数値シミュレーションは，記述統計学ではなく，**推測統計学**という別の目的をもった統計学に属しています．推測統計学とは観察者の目の前にあるデータの背後に広がる**母集団**に関する推測を行うための方法論を指しています．

前述のシミュレーションをもう一度見ると，記述統計学と推測統計学との違いがはっきりします．

ここで想定している「母集団」とはばらつきの値が1.0であることがわかっている無限個のデータの集まりです．そこから無作為に10個のサンプルを抽出するという操作をしています．有限個のサンプルから母集団のばらつきに関する推定をするのがここでの推測統計学のゴールになります．

一方，記述統計学は目の前の10個の数値データの集約をするだけで，背後の母集団に関する推論は眼中にありません．たとえば全国民の年齢や性別などを調べる国勢調査は，典型的な全数調査なので，記述統計学が扱うべき対象となります．

一方，生物学や医学での研究の多くは，有限回の実験結果に基い

て一般的な結論を推測あるいは予測するので，推測統計学が使われる機会がほとんどでしょう．

「平方和÷データ数」という計算は，たとえ記述統計学的には妥当であったとしても，推測統計学的には母集団のばらつきに関する正しい推定値を導きません．それでは，推測統計学の観点からみて平方和の妥当な"補正法"とは何かが次の問題になります．

「**記述統計学は目の前のデータの集約をするだけで，
　背後の母集団に関する推論は眼中にありません**」

妥当な補正法としての不偏分散

母集団から無作為に抽出された標本（データ数をnとしましょう）は互いに無関係なので，平均を計算する際にデータの総和をデータ数nで割り算して"真ん中"を決めるのは全く問題ありません．

しかし，平方和の場合はそうはいきません．前回説明したように，無作為抽出された標本から計算された偏差の総和はゼロになってしまいます．

互いに無関係：統計学では互いに独立とよびます．

したがって，n個のデータから計算されたn個の偏差のうち，いずれか1つは他のn−1個の偏差によって決定されてしまいます．見かけはn個の偏差がありますが，実際に"自由"に値がとれる偏差はn−1個しかありません．この「n−1」という値こそが，平方和のもつ自由度というわけです．要するに，平方和をデータ数nで割るのは"割り過ぎ"ということです．図6-2Aが示すように，「平方和÷データ数（n）」が真の値に対して常に「過小推定」の傾向がある原因はここにあります．

「平方和÷自由度（n−1）」で定義される値を**不偏分散推定値**とよびます．その意味は**分散**（variance）の偏りのない推定値ということです．図6-2Bからわかるように，私たちは，母集団から抽出されたサンプルに基づいてこの不偏分散推定値を計算することにより，母集団の真のばらつきを偏りなく推定することができます．パラメトリック統計学の理論によると，妥当な平方和の"補正法"は「平方和÷自由度（n−1）」であることが数学的に証明されているのですが，今回は数値シミュレーションを使ってその結果をみなさんに示しました．

不偏分散：unbiased variance.

「　　　平方和をデータ数nで割るのは
　　　　"割り過ぎ"ということです　　　　」

統計学の王国を歩いてみよう

遭難防止の7つの狼煙台　その4：平均と分散

　母集団から無作為抽出されたサンプルは推測統計学の情報源です．パラメトリック統計学はサンプルから得られる情報を活用すべく，さまざまな理論とツールを開発してきました．

　2回にわたってデータのもつ平均と分散という2つの尺度を通じて，パラメトリック統計学が構築される足場を築きました．平均と分散という基本的な尺度はデータの数理モデル化（確率分布）にとって重要な役割を果たします．

　次回はいよいよ確率分布が織りなすパラメトリック統計学の世界に話を進めることにしましょう．

ちょっと休憩

土壌条件による収量のデータ

標本番号（一の位）	1	2	3	4	5
粘土	17	15	3	11	14
ローム	13	16	9	12	15
砂	6	10	8	6	14

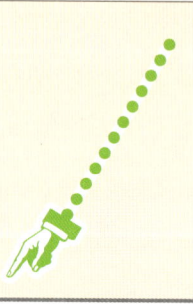

統計計算なしの視覚化

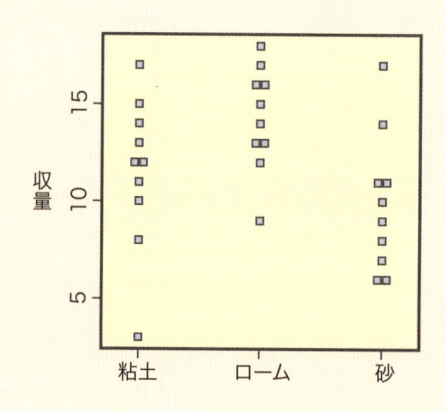

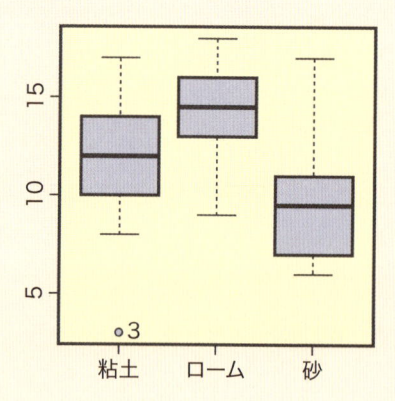

6	7	8	9	0
12	12	8	10	13
16	17	13	18	14
17	9	11	7	11

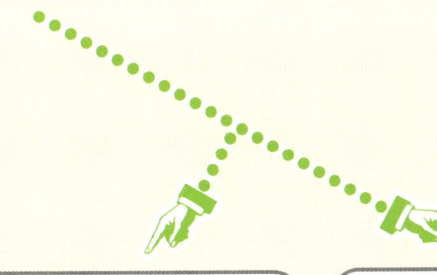

統計量の視覚化　　　統計量の数値化

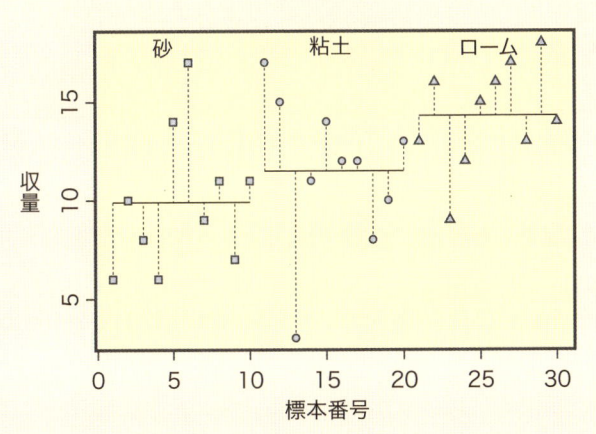

真ん中（平均）

$$\mu = \frac{総和}{データ数} = \frac{\sum x_i}{n}$$

ばらつき（分散）

$$\sigma^2 = \frac{平方和の総和}{自由度} = \frac{\sum (x_i - \mu)^2}{n-1}$$

$$\left(\begin{array}{l} 偏差 = データ - 平均値 \\ 平方和の総和 = \sum (偏差)^2 \end{array} \right)$$

パラメトリック統計学の世界へ

7

Ⅲ 統計王国の風景

確率変数と
確率分布をもって
山門をくぐる

　Ⅱ部では，データのもつばらつきはどのように数値化され，同時に可視化されるかについて説明しました．

　ある実験や観察を行なう際に仮定される母集団それ自体は（全数調査をしないかぎり）最後まで未知のままです．得られたデータと仮定されたモデルを手にした私たちは既知から未知への推論を行おうとしています．すなわち母集団から無作為抽出されたサンプルに基づいて，データの"平均"と"分散"に着目することにより，既知

のサンプル情報から未知の母集団の属性に関する最良の推論（すなわちアブダクション）という，次に取り組むべき問題が浮上します．

しかし，参道の先にようやく見えてきたパラメトリック統計学の王国に入るには，そびえ立つ山門をくぐり抜けなければなりません．見上げれば苔むした石板には「証拠もなく言説を信ずることなかれ（Nullius in verba）」と刻まれています．ここはいったい…

油断禁物・足元危険・頭上注意

さて，Ⅲ部ではパラメトリック統計学「王国」の様子に迫っていきます．"パラメトリック"という響きに，不穏なものを感じる読者もおられるでしょう．おどろおどろしい山門をくぐる前にお守りをお渡ししましょう．

今回以降のキーワードとして確率変数と確率分布という2つの言葉が頻繁に出てきます．母集団あるいは抽出されたサンプルのふるまいをモデル化するためにつくられたこの2つの概念は，パラメトリック統計学をしっかり理解するうえでまたいで通り過ぎるわけにはいきません．

しかし，同時に一般的な統計ユーザーにとって，確率変数と確率

分布は昔の嫌な記憶を思い出させる忌まわしさがまとわりついていることも事実です．その理由は，昔も今も統計学のカリキュラムは，たいていの場合，この確率変数と確率分布に関する数学理論からはじまるからです．実際のデータ解析の現場でそれらがどのように用いられるのかを知らないうちに，数学の小難しい理屈を叩き込まれることはさぞかし苦しい修行でしょう．

第1章でも取り上げた質問票を改めて紹介しましょう：

> 多くの確率分布が存在することはわかりましたが，一つひとつの分布が数式で説明されていて，なかなかイメージが湧きません．グラフや表を用いてイメージ化できないでしょうか．

> この確率分布は実生活のこういう場面で使えますとか，こんな実験データに適用できますという具体的な説明ができないでしょうか．

受講生のいらだちが字面から立ち上ってくるような質問です．もともと数学がけっして得意ではない彼らにとっては，数理統計学が当たり前のように用いる「数学」は時として越えられない"壁"として行く手を阻みます．

パラメトリック統計学は，いい意味でも悪い意味でも，数理統計学としてその学問的伝統をかたちづくってきました．現実世界を観察して，あるいは実験を通して得られたデータや知見にもとづいて，未知の物事に関する推論を行なうには，客観的かつ普遍的な「数値化」および「数学化」が不可欠であると創成期の理論統計学者たちは考えたわけです．

なぜこのようなことになってしまったのか．

その事情をかいま見るために統計学の歴史をさかのぼってみましょう．

数値化というブッシュナイフが現実世界を切り拓く！

確率論と統計学の歴史を研究してきた科学史家セオドア・M・ポーターは，その著書『数値と客観性』のなかで，現実世界から得られた情報や知見を「数値化」することの意義を次のように述べています：

> 数値の力を基礎づけるのは，距離を越える技術，標準化された

Theodore. M. Porter 1953-

『数値と客観性：科学と社会における信頼の獲得』(セオドア・M・ポーター／著　藤垣裕子／訳) みすず書房，2013, p.8 より引用

> 手続きである．それらはローカルノレッジ（注：狭い文化圏や社会の中だけで通用する知識）や信頼や知恵を前提としたものの考え方への依存度を小さくしてくれる．

　確率論的あるいは統計学的思考に基づく「数値化」もまた，ポーターの言うように，客観的かつ普遍的な知識体系の構築という歴史の大きな流れのなかに位置づけられるでしょう．現代に生きる私たちは，そのような定量的思考の系譜の最先端を統計学のさまざまな手法として学び，そして利用しているわけです．

　一見したところ抽象的すぎる"数式"で書かれることが多いパラメトリック統計学の理論であっても，その歴史をさかのぼり，どのような状況のなかでそれが産声を上げたかを知れば，単なる無味乾燥な理屈としてではなく，現実世界を理解するため先人たちが試行錯誤して築き上げた，知的サバイバル技術の集大成であることがわかるでしょう．

　本書でこれまで説明してきたデータの"ふるまい"はまさに「数値化」の対象となりえます．
　私たちは観察や実験を通じて得たデータに基づいて推定や推論を

する際，平均や分散などの統計量を計算します．それらの数値は，単に目の前のデータを集計するだけの記述統計学的な意味にとどまらず，データが抽出された母集団に関する推測をも可能にします．

では，もとの母集団について何らかの数値化をすることはできないでしょうか．もちろん，母集団はとらえどころのない未知のものなので，確実なことは何もいえないでしょう．

しかし，たとえそうであったとしても，母集団が従っているであろう規則性を仮定することはできそうです．確率論と統計学はこの問題に何世紀にもわたって取り組んできました．現代まで続く数学との密接なつながりもその長い歴史のなかで育まれてきました．

「　　**先人たちが試行錯誤して築き上げた，
　　　知的サバイバル技術の集大成**　　」

まずは二項分布と仲良くなろう

遡ること300年前，フランスの数学者ジャック・ベルヌーイの死後出版された主著『推測法（Ars Conjectandi）』をもって近代確率概念は確立したとされています．この本のなかで，彼はある頻度をと

現代まで続く数学との密接なつながり：
Stephen M Stigler：*The History of Statistics: The Measurement of Uncertainty before 1900*. Harvard University Press, 1986

Jacques Bernoulli, 1654–1705. Jacobi, Jamesの名で呼ばれることもある．

Jacobi Bernoulli：*Ars Conjectandi, Opus Posthuman*. Basileae, Impensis Thurnisiorum, Fratrum, 1713

近代確率概念の確立：
『確率の出現』（イアン・ハッキング／著　広田すみれ，森元良太／訳），慶應義塾大学出版会，2013
→p.180

もなって生じる偶然的なできごと，すなわち**事象のもつ確率**とよばれる概念の数学的性質を明らかにしました．

たとえばコインを投げて表が出るか裏が出るかというできごと，あるいはサイコロを投げたときにどの目が出るかというできごとは現実世界で私たちが出会う確率的な事象です．

いま，ある1枚のコインをくり返し投げ上げるという事象を考えましょう．各回ごとに表の出る確率がp，裏の出る確率$1-p$であると仮定します（$0 \leqq p \leqq 1$）．

今，コインをn回投げて，表がx回出れば，裏は残りの$n-x$回出ます．それぞれの試行の間に関連性がないならば，その確率は（表がx回出る確率）×（裏が$n-x$回出る確率）＝ $p^x \cdot (1-p)^{n-x}$．さらに全n回中の何回目に表が出るかは組み合わせの場合の数 ${}_nC_x = n!/(n-x)!x!$ だけあります．

したがって，すべての場合を集計すれば，コインを全n回投げたうち表が出る回数xは次のように計算できます：

$$(\text{全}n\text{回中}x\text{回表が出る場合の数}) \times (\text{表が}x\text{回出る確率}) \times (\text{裏が}n-x\text{回出る確率}) = {}_nC_x \cdot p^x \cdot (1-p)^{n-x} \quad \text{———(1)}$$

次の図7-1は確率$p = 0.5$と固定して，回数nを1，5，10，20の4通りに設定したときの確率をグラフ化したものです．

図7-1 表と裏の出る確率がそれぞれ0.5であるコインをn回（$n = 1, 5, 10, 20$）投げたときに表が出る回数xの確率を図示したグラフ

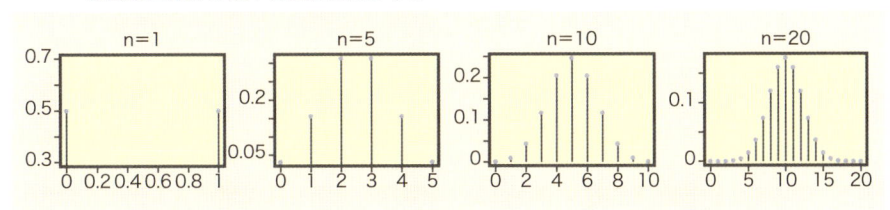

たとえば，$n = 1$の場合は，コインを1回投げるだけなので，事象は「表が出る（$x = 1$）」と「裏が出る（$x = 0$）」の2つしかありません．それぞれの事象が生じる確率は等しく0.5となります．

$n = 5$ならば「すべて表が出る（$x = 5$）」から「すべて裏が出る（$x = 0$）」までの事象$x = 5, 4, 3, 2, 1, 0$のそれぞれに対して確率の値 0.03125, 0.15625, 0.31250, 0.31250, 0.15625, 0.03125が計算できます．

お守りの正体

このように，事象が偶然的に生じる可能性を「確率」として数値化することにより，私たちは不確かな出来事がもつ規則性に関する

知見を得ることができます．

　コイン投げ試行で表の出る回数のような，ある確率をともなって生じる変数をこれからは**確率変数**とよぶことにしましょう．

　確率変数はそれぞれの値にある事象が生じる確率を対応させる規則をもっています．この規則のことを**確率分布**とよびます．

　数式（1）と図7-1のグラフはコイン投げ試行における確率分布を示しています．$n=1$の場合の確率分布は発見者の名にちなんで**ベルヌーイ分布**と名付けられていますが，一般のnに対応する確率分布は**二項分布**という名称が広く用いられています．

　今回は，パラメトリック統計学の門をくぐるための"お守り"として確率変数と確率分布の2つをお渡ししました．確率変数と確率分布は母集団のもつ偶然的なふるまいをモデル化する手段と見なすことができます．すなわちデータを見てどうしてよいかわからなくなった際にはこのお守りを思い出して，これから何を推測しようとしていたか整理するようにしましょう．

random variable，
変量ともいう→p.7

確率分布：
probabilistic distribution

ベルヌーイ分布：
Bernoulli distribution

二項分布：binomial distribution

まだ道のりは長いですが，ゆっくりしっかり歩いていきましょう．その先に見えるのはもっと広大な確率分布の世界です．

「　**確率を使えば不確かな出来事がもつ規則性に
　　　関する知見を得ることができる**　　　」

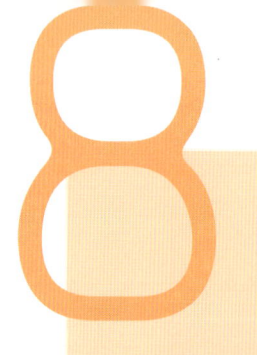

8 正規分布という王様が誕生する

III 統計王国の風景

Jacques Bernoulli
→p.101

　18世紀はじめにジャック・ベルヌーイによって打ち立てられた近代確率論は，偶然性に支配された出来事（事象）を数学によって記述するという選択肢を研究者に選ばせました．

　それは同時に，得られた知見を数値化することによって客観性と普遍性をもたせるという知の歴史の大きな流れにも合致していたに違いありません．

　前章で導入した確率分布という概念にはもっと説明すべきことが

らがたくさん残されています．コインやサイコロを投げることだけが確率分布が扱える問題ではありません．

　もっと普遍的に使えるツールとして確率分布の威力を発現するにはどうすればいいでしょうか．パラメトリック統計学の共通言語である確率変数は，私たちの日常生活にみられる具体的な出来事を数理の目でモデル化するために編み出された考え方です．本章はそれについて考えてみましょう．

研究現場から統計学のリクツを見直す

　初学者が統計学を学ぶとき，確率変数や確率分布はカリキュラムの最初の方で教えられるのが今でも普通でしょう．しかし，それは必ずしも効果的な順序ではないかもしれません．

　確率論と統計学は，単に純粋学問的な興味から発展してきたのではなく，例えばサイコロの賭けでいかに効率を上げるか，のような，むしろ具体的な個別問題を契機として積み上げられてきました．そういう個々の問題状況を理解することが統計的思考を身につけるうえでもっとも効果的でしょう．

　しかし，残念ながら，きれいに磨き上げられて干からびてしまった"数理統計学"にはそういうリアルな現場感覚の痕跡はとどめられていません．

どの確率分布を使うにしても私たち統計ユーザーにとって理解しなければならないのは，理論的な確率分布と現実世界との結びつきです．

パラメトリック統計学はたしかに現在では厳密な数学の理論体系として構築されています．しかし，統計ユーザーである私たちに求められているのは，干からびた統計理論をよくわからないまま鵜呑みにすることではなく，むしろそういう理屈がどのような現実的状況のもとで生まれ，発展していったのかという歴史的経緯の理解でしょう．統計ツールのうっかり誤用を避けるためにも，歴史の理解は不可欠だと私は考えます．

「 理屈がどのような現実的状況のもとで生まれ，
　　　　発展していったのか 　　　　　　　　　　」

> 歴史の理解に有用な文献：Theodore M Porter : *The Rise of Statistical Thinking, 1820-1900*. Princeton University Press, 1988
>
> Stephen M Stigler: *The History of Statistics: The Measurement of Uncertainty before 1900*. Harvard University Press, 1986

正規分布のひそやかな誕生

ひとつの例として，7章で取り上げた二項分布の話を続けましょう．すでに説明したように，二項分布は，たとえばコイン投げ試行に代表される具体的な状況を確率の観点からモデル化したものです．

整数値をとる二項分布の確率変数は，コインを投げる回数nと表の出る確率pによって厳密に決定されます．

では，あるpのもとで投げる回数nをどんどん増やしていったら，この二項分布はどのようになるでしょうか．図8-1A〜Cは$n = 20$，100，200と増やしたときの二項分布のグラフです．最初はばらばらの棒グラフの集まりにしかみえなかった二項分布が，回数nが増えるとともに，隣接する棒グラフがつながってしだいになめらかな連続するグラフにみえてきませんか．

ベルヌーイの著書『推測法』を読んだ数学者アブラハム・ド・モアブルは，ベルヌーイの提唱する二項分布の回数nに関する極限分布について考察を重ね，1738年に出版された著書『偶然論』の中でその結果を公表しました．ド・モアブルは二項分布をする確率変数xに関してnが無限大に発散したとき，xの極限分布は

$$\frac{1}{\sqrt{2\pi}} \exp\left(-\frac{x^2}{2}\right)$$

という指数関数によって与えられることを証明しました．この指数関数こそ後に**正規分布**とよばれることになる確率分布の誕生です．

『推測法』→p.101

Abraham De Moivre : 1667-1754

Moirre Abraham de : *The Doctrine of Channcess* : H. Woodfall, 1738

p.118も参照．本式は平均（μ）= 0 分散（σ^2）= 1 の場合である．

normal distribution

図8-1　二項分布から正規分布へ

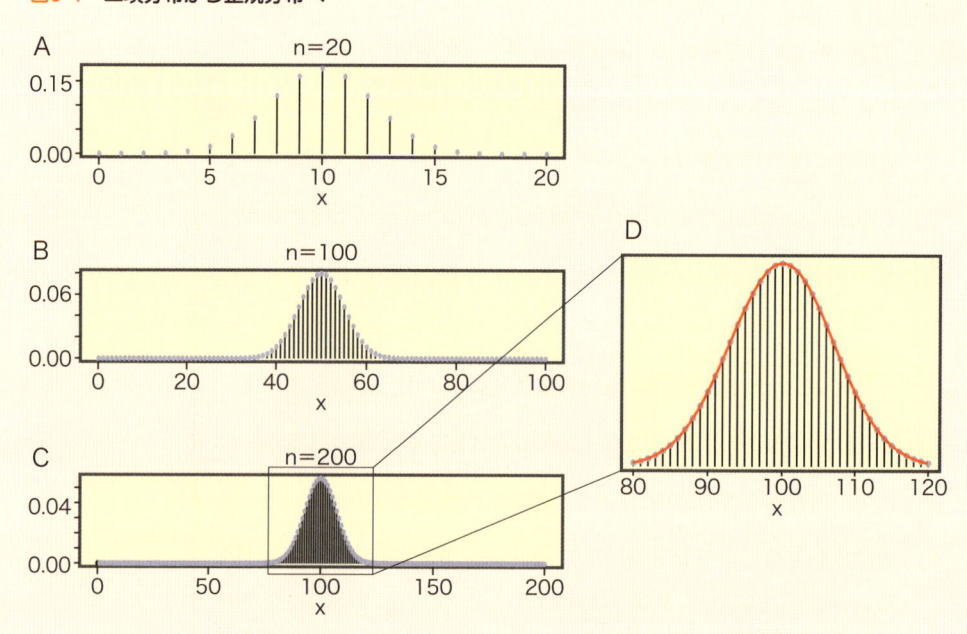

A〜C) 表と裏の出る確率がそれぞれ0.5であるコインをn回〔$n=20$ (A), 100 (B), 200 (C)〕投げたときに表が出る回数xの確率を図示したグラフ. **D)** Cの一部を切り抜き, 正規分布の曲線グラフを重ね描きした（赤）. その関数は$1/\sqrt{100\pi} \exp\{-(x-100)^2/100\}$となります.

nの増大とともに二項分布が正規分布に近づいていく様子を見るには，nを無限大まで発散させる必要はありません．図8-1Dを見ると$n=200$と設定した場合でも二項分布は正規分布によって無理なく近似できることがわかるでしょう．

　ド・モアブルはあくまでも二項分布の極限として正規分布の関数を導き出しました．しかし，正規分布の威力は実はもっと強力で，しかももっと広範囲に及ぶことが後の研究によって明らかになりました．

　そのひとつは，離散的な数値をとる確率変数から連続的な数値をとる確率変数への確率分布の一般化です．二項分布は整数値の確率変数に限定された確率分布でしたが，正規分布は一般の連続実数値の確率変数にも適用できます．この一般化はさらに1世紀下った19世紀初頭になって確立されました．

「　　　**正規分布の威力は実はもっと強力で，
　　　　しかももっと広範囲に及ぶ**　　　　　」

正規分布のすこやかな成長

　前世紀末1999年のこと，私はドイツの大学都市ゲッティンゲンに仕事で滞在したことがありました．

　中世の街の面影を残す石畳の旧市街区（アルトシュタット）は，200年前の19世紀はじめに有名な数学者カール・フリードリッヒ・ガウスが活躍しました．

Carl Friedrich
Gauss
1777-1855

　しかし，ユーロ通貨に切り替わる前のドイツでは，ガウスは単に歴史的人物というだけではありませんでした．というのも，旧ドイツのマルクが流通していたころ，10マルク紙幣にはガウスの肖像とともに，彼が発見した正規分布曲線が描かれていたからです．

　すでに説明したように，指数関数の一つである正規分布の関数そのものはド・モアブルによって18世紀前半に導かれていました．彼はあくまでも二項分布の極限形としてそれを導出したのですが，そのままでは普遍的な利用は望めません．

　これに対して，ガウスが1809年にラテン語で出版した著書『太陽の周りを楕円軌道で公転する天体の運行に関する理論』において提出された正規分布関数は，もっと一般的に，観測値の誤差のふる

まいを記述する数式，すなわち誤差関数としての役割を担っていました．

　ガウスによる正規分布の理論に衝撃を受けたのは，彼と同時代のピエール–シモン・ラプラスでした．

　ラプラスは，ガウスの正規分布関数を用いることにより，データの総和や平均はデータ数が無限大になれば必ず正規分布をするという定理，すなわち**中心極限定理**を証明しました．さらに，ラプラスは観測データから近似式を計算する**最小二乗法**の前提として正規分布が必要であることも認識していました．

王様の出自は実は庶民だった

　このように，18世紀前半から19世紀前半の1世紀の間に，ド・モアブル，ガウス，そしてラプラスらの研究を通じて，その後の数理統計学を制覇することになる正規分布の初期理論はすべて構築されました．

　賭け事の数理にはじまる確率論と統計学の歴史は，発展しつつあっ

Pierre-Simon Laplace：1749-1827

中心極限定理→p.130

最小二乗法：least square method

8 ● 正規分布という王様が誕生する

た数学の力を存分に駆使して，現実世界の不確定な現象を数理の観点からアプローチするという新たな展開を見せることになります．

そして，誤差関数としての正規分布関数の評価は急速に上がっていきました．

日常生活に密着していたマルク紙幣に正規分布曲線が描かれていたという事実は，ドイツの国民性が厳密な論理を身近に感じていたという点だけではなく，数理統計学のルーツがそもそも日常生活空間のなかにあったのだということを現代の私たちに再認識させてくれます．

では，統計学の理論的基盤として運命づけられた正規分布は，その後いったいどのような発展を遂げることになるのでしょうか．正規分布がもついくつかの強力な性質のおかげで，パラメトリック統計学の理論が数学的体系として構築できたという点は強調すべきでしょう．次章ではこのあたりのことをお話しすることにしましょう．

「　　　**数理統計学のルーツが
　　そもそも日常生活空間のなかにあった**　　」

9 ピアソンが築いたパラメトリック統計学の礎石

Ⅲ 統計王国の風景

　確率変数や確率分布は，統計学を学ぶ初学者にとって最初の関門かもしれません．

　誰だって勉強しはじめるなり数式の洗礼を浴びるのはごめんこうむりたいはずです．

　しかし，8章で話したように，確率論や統計学の数学理論は他ならない現実の日常世界から生まれたことを思い出してください．現在の数理統計学がどれほどいかつい顔つきで私たちに迫ってきたとしても，元をたどれば身の回りでごく普通に起きている出来事への

素朴な関心が出発点であることに違いありません．

本章の物語は19世紀のヴィクトリア朝ロンドンが舞台です．その主役は稀代の統計学者カール・ピアソンです．

相手かまわず学問論争をふっかける強気なピアソンはいたるところに敵がいました．しかし，正規分布に代表される確率分布の世界を見わたし，20世紀のパラメトリック統計学が築き上げることになる城の礎石を敷いたというピアソンの業績は，いくら強調してもし過ぎることはありません．

ピアソンは現実の世界から出発した

> ピアソンはどういった研究をしてきた人だったんですか？

1894年，ロンドン王立協会理学紀要に出版されたピアソンの論文「進化の数学理論への貢献」を例にとって説明しましょう．この論文には，ピアソンの弟子であるウォルター・F・R・ウェルドンとの共同研究による数多くのデータが使われています．自然界の生物に関する観察データに対して，数理統計学のアプローチがいかに効果的にあてはまるかを具体的かつ詳細に論じている点では，この論

Karl Pearson
1857-1936

Theodore M Porter, *Karl Pearson: The Scientific Life in a Statistical Age*. Princeton University Press, 2004

Pearson K:
Philosophical Transactions of the Royal Society of London, A. 185: 71-110, 1894

Walter F. R. Weldon: 1860-1906

文はいま読んでも印象的な内容をもっています．図9-1はこの論文に添付された「図版Ⅲ」です．

図9-1　ウェルドンの観測データにピアソンが正規分布曲線をあてはめた例

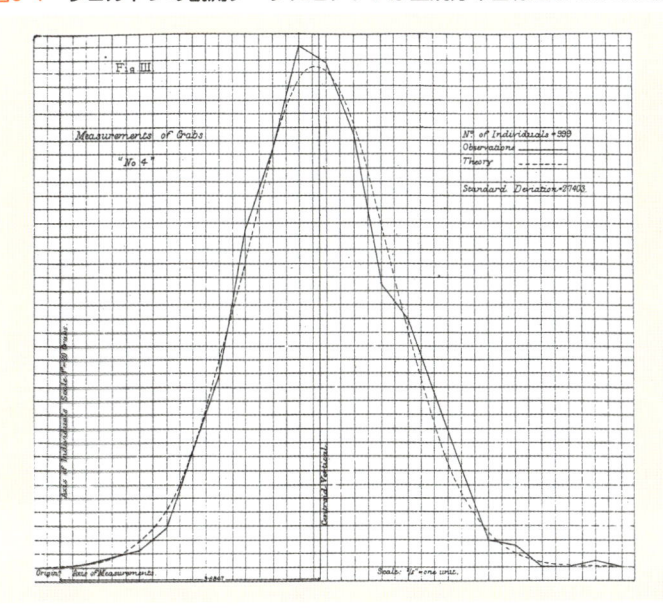

Pearson K, 1894より引用．

ピアソンは，ウェルドンがイタリアのナポリに生息するあるカニの個体群からサンプリングした999個体のデータを用いて解析を進めました．図の横軸はカニの甲羅サイズ，縦軸はその頻度をあらわ

しています.

　実線の折れ線で表示されているのは観察されたデータのヒストグラムです. このヒストグラムと重なるように破線の曲線が描かれています. この曲線は観察データから計算された正規分布曲線です.

　ピアソンが示したのは, このカニのデータに対しては, 正規分布曲線をうまく当てはめることができるという点でした.
　彼は他にも自然界や人間社会で観察されるさまざまなデータを取り上げ, それらを確率分布曲線によってどのように近似すればいいのかという問題を論じました.

正規分布を解剖する
―パラメーターとは何か

　ピアソンが図9-1でデータの近似式として用いた正規分布曲線の一般形は次の関数によって与えられます:

$$\frac{1}{\sqrt{2\pi\sigma^2}} \exp\left(-\frac{(x-\mu)^2}{2\sigma^2}\right)$$

　この関数は自然対数の底「e」に関する指数関数として定義され, **平均**μと**分散**σ^2という2つの**パラメーター**をもちます. 分散の平方根σは**標準偏差**とよばれます. ここでいうパラメーターとは確率

平均：mean
分散：variance

パラメーター：
parameter

標準偏差：standard deviation

分布の形を決める定数という意味です.

サンプルされた標本のデータからいかにして平均と分散を計算するかはⅡ部で詳しく説明しました. これに対して, 正規分布関数に含まれる平均と分散は, 母集団に関する未知のパラメーターを意味します.

推測統計学の観点からいえば, 母集団が正規分布に従うと仮定したとき, 平均と分散という未知パラメーターをその母集団からサンプルされた標本によって推定するということになります. データから計算された算術平均値（標本平均値）は母集団の平均 μ の推定値であり, 同様にデータから計算された分散値すなわち「平方和÷自由度」は母集団の分散 σ^2 の推定値ということになります.

数学的にこれらのパラメーターを定義することができます.
確率分布の平均とは, 確率変数がどれくらいの値をとるかの**期待値**と定義され, 確率変数の値 x にその確率密度 $f(x)$ を乗じて全定義域にわたって積分した値です. また, 分散 σ^2 は確率変数のもつ偏差平方 $(x-\mu)^2$ の期待値として定義され, 平均と同じく偏差平方を全定義域にわたって積分した値です.

> 平均 μ は確率分布の「位置」を決定し, 分散 σ^2 あるいは標準偏差 σ は確率分布の「広がり」を決めています.

> 期待値：expectation

> あ，あの，数式の意味の重要性もわかってはきたのですが，できることならもっと直観的にパラメーターの意味を知りたいのです．

　たしかに，このように数式をいくら並べ立てても確率変数や確率分布の具体的イメージはなかなか湧いてきません．そこで，正規分布の2つのパラメーターを変化させるとどのように見えるかをヴィジュアルに示しましょう．

　図9-2Aは標準偏差を0.5に固定し，平均だけを0.0から2.0まで0.5刻みに変化させたときの正規分布曲線の様子です．平均というパラメーターを変化させると，曲線の山の「位置」は左右に移動しますが，山の「かたち」そのものは変わりません．次の図9-2Bは平均を0.0に固定し，今度は標準偏差だけを0.5から2.5まで0.5刻みで変化させます．

　標準偏差が小さい値のときは平均を中心として尖った分布形状になりますが，標準偏差が大きくなるにしたがって裾野がなだらかに広がる分布形状になります．

　分散あるいは標準偏差は確率変数が平均からどのくらい遠くまでばらつくかの尺度にほかなりませんので，その値が小さければ平均値のごく近くの狭い範囲に高い確率で集中するために分布形状は尖

図9-2 正規分布曲線の位置／形状変化とパラメーターの関係

$$\frac{1}{\sqrt{2\pi\sigma^2}}\exp\left(-\frac{(x-\mu)^2}{2\sigma^2}\right)$$

$\mu=0$　$\sigma=0.5$

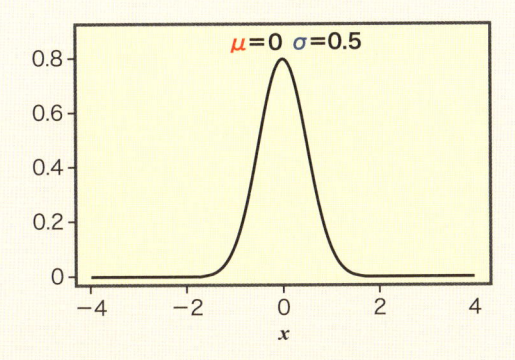

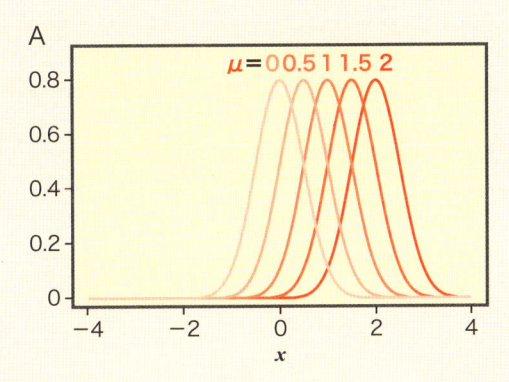

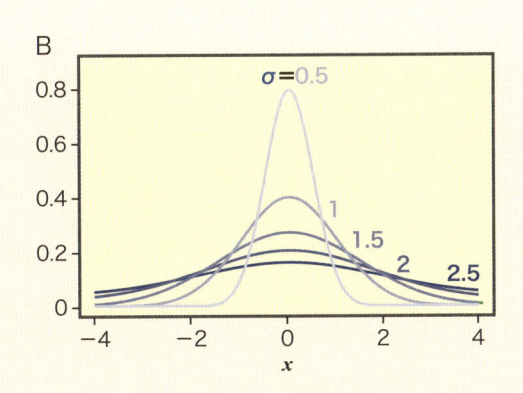

A　$\mu=$ 0 0.5 1 1.5 2

B　$\sigma=$ 0.5　1　1.5　2　2.5

9 ● ピアソンが築いたパラメトリック統計学の礎石　121

り，逆に大きくなるほど平均から遠く離れた値でもそれなりの大きな確率で生じるために分布形状はなだらかになると考えればわかりやすいでしょう．つまり，分散というパラメーターを変化させると，正規分布曲線の山の「位置」は変わりませんが，その「かたち」は変化するということになります．

良き統計ユーザーであるために

さて，正規分布の数学的性質はこのようにいくらでも詳細に説明することができます．しかし，読者の関心はこの正規分布を現実のデータに適用することによってどのような利点があるのかにあるでしょう．

ピアソンが強調したのはまさにそこでした．

彼は正規分布の確率密度関数がきれいに当てはまる実例をいくつも挙げることで，現実の生物現象にみられるデータのばらつき（ここでは生物個体群の形態変異）が正規分布という数式によってうまく近似できることを読者に示しました．

母集団をある確率分布によってモデル化するとき，確率分布曲線を決めるパラメーターが重要な役割を果たします．このように，パ

ラメーターを含むモデルを立てることにより母集団を数値化し抽出された標本に基づく推論を行なう統計学の立場が**パラメトリック統計学**にほかなりません．

> パラメトリック統計学：
> parametric statistics

　数学としてのパラメトリック統計学には厳密な形式化と過度の抽象化という傾向が内在する点は否定できません．医学・生物学系あるいは農学系の統計ユーザーはときにそれが苦痛になることもあるでしょう．

　しかし，確率変数や確率分布に関する数学理論は，現実世界の母集団をいかにきちんと記述できるか，観察されたデータのふるまいをどれほど正確にモデル化できるかを念頭に置いて発展してきた点も同時に強調すべきでしょう．現代の数理統計学の礎を築いたカール・ピアソンは少なくともそういう姿勢で研究をしてきたからです．

　私たち統計ユーザーは現実世界の具体的な応用とそのデータに足場を置き続けるべきです．そのうえで，パラメトリック統計学が提供するツールをいつどのように使うべきかあるいは使わざるべきかはユーザーの賢明な判断に委ねられています．

「　**数学理論は，観察されたデータのふるまいを
　　どれほど正確にモデル化できるかを
　　　念頭に発展してきた**　　　　　　　」

10

秘宝：
確率分布曼荼羅の発見!

III 統計王国の風景

　III部では数回にわたって，数学が支配するパラメトリック統計学の王国の風景をみなさんにおみせしてきました．医学や農学をはじめとする多くの応用分野で用いられているさまざまな伝統的統計手法は，パラメトリック統計学の歩みのなかで一つひとつ確立されてきました．母集団から抽出された標本に基づく推定や検定の原理と方法の構築はパラメトリック統計学が果たした統計的データ解析へのきわめて重要な貢献です．

これらの輝かしい成果の基礎となったのは，ベルヌーイ以来の3世紀をかけて構築された確率分布に関する数学理論でした．それは不確定な現象のもつ確率的挙動を数学的にモデル化することに成功しました．

前章で説明したように，統計学者カール・ピアソンは，確率分布がいかに現実に観察できるデータをうまく近似できているかについて，数々の実例を通して私たちに納得させました．とくに，「正規分布」というある確率分布が理論的に重要な役割を果たした点を強調しておくべきでしょう．

「それ見たことか，統計学はやっぱり数式だらけじゃないか」という読者のみなさんの声が聞こえてきそうです．

そのとおり！

パラメトリック統計学の王国のどの道をたどろうとも，数式がすき間なく敷き詰められています．これは紛れもない事実なのです．

しかし，ご心配にはおよびません．今回は，このパラメトリック統計学の王国の基本構造をつかむためのチャート（案内地図）をみなさんに示しましょう．この王国を鳥瞰できるチャートがあれば，迷子になったり遭難するリスクはきっと減らせるにちがいありません．

また，パラメトリック統計学の世界には数々の確率分布が存在します．正規分布はそのひとつに過ぎません．では，なぜ正規分布はこの世界の中で大きな顔をしているのでしょうか．正規分布は単なるはだかの王様にすぎないのでしょうか．それとも正規分布は誰もがひれ伏す実力をもっているのでしょうか．10章では，それについて話をしましょう．

確率分布曼荼羅
―生き延びるための地図

　前回までの解説で登場した確率分布はベルヌーイ分布，二項分布，正規分布のたった3つだけでした．実はパラメトリック統計学にはほかにもさまざまな確率分布が用いられています．いったいどれくらい多くの確率分布があるのでしょうか．

　数え方にもよりますが，離散型と連続型を合計すれば，100を大きく上回っていることはまちがいないでしょう．

　読者のみなさんがかつて勉強したかもしれない数理統計学の本にも多くの確率分布が載っていたかもしれません．しかし，私たちが想像するよりもはるかに多くの確率分布が提唱され，それぞれのもつ数学的性質と適用事例が研究されてきました．

100を上回る：Crooks GE：Survey of Simple, Continuous, Univariate Probability Distributions. Version 0.5., 2013. http://threeplusone.com/Crooks-GUDv5.pdf

たとえば，数年前にアメリカ統計学会誌に発表された「一変量確率分布の相互関係」という論文には全部で76個の確率分布が含まれており，その内訳は連続型57個と離散型19個です．この論文にはこれらの確率分布を一覧できる「チャート」が添付されていることに注目しましょう（図10-1）．

これが全部確率分布なんですか！？

このチャートをはじめて目にしたみなさんは，予想以上の数の確率分布がすでに命名されていることにまず驚かされるでしょう．

丸枠は連続型確率分布を意味し，角枠は離散型確率分布を表します．そのなかには正規分布 $N(\mu, \sigma^2)$ や二項分布 $B(n, \rho)$ のような名の通った有名な確率分布もあれば，生物統計学が本職である（はずの）私ですら見たこともないような名前の確率分布さえあります．

このチャートはこれらの確率分布すべてを1枚の図によって可視化する試みといえます．

さらに，このチャートに登場する確率分布どうしを結びつける緊密な関連性が見出され（チャート中の矢印），しかもそれらの関連

一変量確率分布の相互関係. Leemis LM & McQueston JT: Univariate Distribution Relationships. *The American Statistician*, 62: 45-53, 2008. http://www.math.wm.edu/~leemis/2008amstat.pdf

このチャートを作図した著者であるLawrence M. Leemis教授はさらにウェブ版のチャートもインターネット公開しています（http://www.math.wm.edu/~leemis/chart/UDR/UDR.html）．元論文のチャートにクリッカブルマップとしてのユーザーインターフェースが装備され，ある確率分布にポインターを置くだけで，その確率分布の周囲に配置された関連確率分布が浮かび上がるように設計されています．さらに，ある確率分布をクリックすると，それに関する詳細（関数の数式とパラメーターの説明など）がリンクされていて，とても教育的でしかもおもしろいサイトです．

図10-1 確率分布チャート

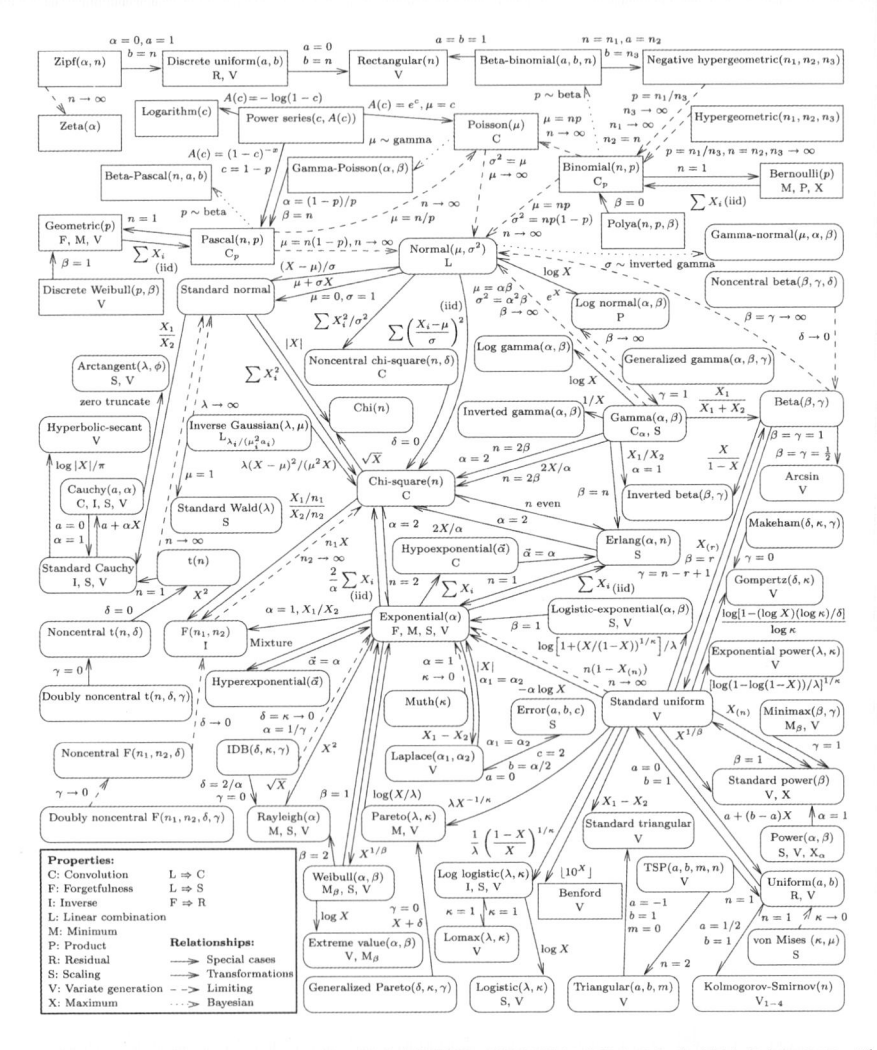

Leemis LM & McQueston JT, 2008より引用. 誌面ではいまひとつうまく伝わらないので, ぜひウェブサイト (http://www.math.wm.edu/~leemis/chart/UDR/UDR.html) で見てほしい.

性はすべて数学的に厳密な証明が与えられていることに注目しましょう.

　数学的に裏付けられたこの基礎があるからこそ,パラメトリック統計学の城は難攻不落なのだと実感せざるを得ません.

　東洋の思想世界では,世界のかたちを一幅の絵として描き出したものを「曼荼羅(マンダラ)」とよんできました.この確率分布チャートは,パラメトリック統計学の世界をかたちづくる個々の要素(すなわち確率分布)の間の関連性を可視化した「確率分布曼荼羅」と見なすことができるでしょう.

「 確率分布すべてを1枚の図によって可視化する 」

正規分布の帝王学
―中心極限定理という神ワザ

確率分布曼荼羅に登場するおびただしい数の確率分布のなかでも,

中心極限定理：
central limit theorem

正規分布は特異な地位を占めています．それはかつてラプラスが証明した**中心極限定理**とよばれる強力な定理のおかげです．

この中心極限定理によれば，もとの確率分布が何であれ，その母集団から抽出したデータから計算された集計値（総和や標本平均）はサンプルサイズが無限大になると正規分布をすることになります．

> 中心極限定理を感覚的に理解することは難しいですか？

中心極限定理がいかに強力であるかを示す一連の図をお見せしましょう（図10-2）．ここでは4つの確率分布を用います．各母集団からのサンプル回数は10,000個に設定します．

Normal＝正規分布，Gamma＝ガンマ分布，Uniform＝一様分布，Beta＝ベータ分布

① サンプルサイズが1のとき

各母集団から1つのサンプルをとってヒストグラムを描くと，それぞれの母集団の形がそのまま反映されます．

図10-2　中心極限定理の威力

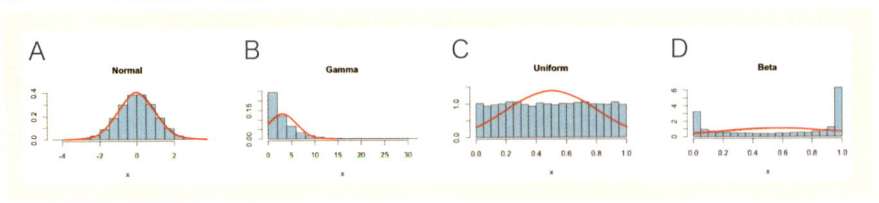

A　Normal　　B　Gamma　　C　Uniform　　D　Beta

ところが，サンプルサイズを「2」にしたとき，大きな変化が生じます．

② サンプルサイズが2のとき

各母集団から2つサンプルをとってその平均を求めるという試行を10,000回くり返すと，サンプルサイズが「1」のときは平板だった一様分布が山形になり（図10-3C），真ん中がえぐれていたベータ分布は尖った山が中央部に出現します（図10-3D）．

図10-3　中心極限定理の威力

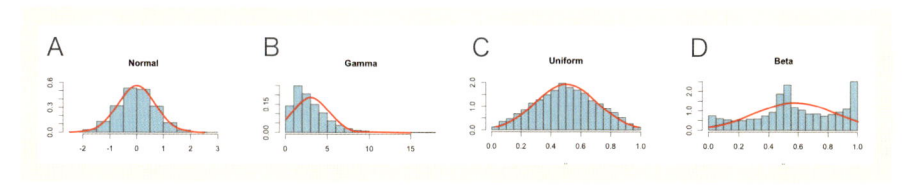

③ サンプルサイズが5のとき

サンプルサイズを最初の5倍の「5」にすると，一様分布とベータ分布はもはや正規分布とほとんど見分けがつきません．ガンマ分布だけがしぶとく抵抗して非対称な形を保っています（図10-4B）．

図10-4　中心極限定理の威力

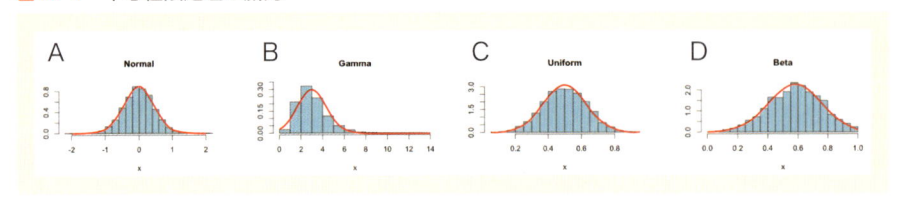

④ サンプルサイズが100のとき

最後に，サンプルサイズを100にすると，抵抗を続けていたガンマ分布を含め，すべての確率分布の標本平均の分布は正規分布と識別できなくなることがわかります．

図10-5　中心極限定理の威力

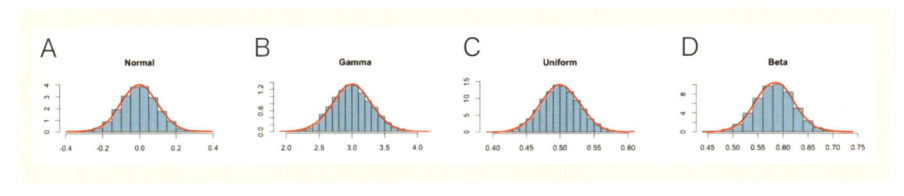

つまり，もとの母集団の確率分布が何であれ，サンプルサイズを十分にとるならばその標本平均は正規分布に従うとみなしてかまわない．これが正規分布の帝王学（中心極限定理）です．

数学的にはもっと厳密な証明が必要になりますが，その定理がどれくらい威力があるかは図10-2〜図10-5のようなシミュレーションをすればすぐに納得できます．

統計学のサンプリング理論において標本平均はもっとも重要な統計量のひとつです．実際，私たちが母集団からサンプルを抽出し，得られたデータから解析をはじめる際に，まずはじめに計算するのは標本平均です．

サンプルサイズが増大するにつれ，この標本平均が正規分布に収束すると主張する中心極限定理は，パラメトリック統計学王国において正規分布を"無敵"の確率分布に担ぎ上げるのに十分でした．

> 「　　　　**中心極限定理**は，
> 　　　パラメトリック統計学王国において
> 　　正規分布を"**無敵**"の確率分布に担ぎ上げる　」

> 追加質問
> 中心極限定理の威力をみたら母集団はすべて正規分布になる気がしてきました．例外はまったくないのですか？

中心極限定理はあくまでも標本平均の分布に関する極限定理であって，母集団の分布そのものについての定理ではありません．図10-1の確率分布曼荼羅に示されているように，この世の確率分布は，かくも多様であるということです．

遭難防止の7つの狼煙台
その5：確率分布曼荼羅

確率分布曼荼羅はパラメトリック統計学の天守に正規分布をいた

だく王国を可視化しました．一般の統計ユーザーが確率分布曼荼羅の細部にいたるまで理解するのは，読者のみなさんもおわかりのように，容易なことではありません．

　しかし，数学的な厳密さの証明は専門の統計学者たちにお任せすればいいのではないでしょうか．むしろ，私たちに必要なのは，そのような統計理論が研究現場でどのように使えるのかを理解することだと私は考えます．Ⅳ部では実際のデータに対してこれらの統計理論がどのように適用されるかをみることにしましょう

Ⅳ 統計ユーザーが王国を自分の脚で闊歩する

11 実験計画はお早めに

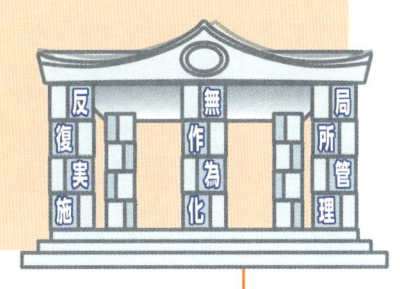

　Ⅲ部ではパラメトリック統計理論について解説してきました．もちろん，厳密さにこだわるのであれば，もっと数学的な内容をご紹介する必要があったでしょう．しかし，本書全体の趣旨からいえば，そのようないわゆる「数理統計学」の詳細を追い求めるのではなく，むしろ現実に得られるデータを踏まえてどのように統計学的考察を進めていくのかという点に軸足を置く方が適切でしょう．

　一方では，厳密な数学理論体系としてのパラメトリック統計学が

あり，他方では，日々の研究現場で生まれ続ける生のデータがある．

　統計ユーザーである私たちにとっては，理論とデータの両方をバランスよくみながら，進むべき道をよく考える必要があるでしょう．
　しかし，そうはいわれても実際にどうすればいいのか戸惑う読者は少なくないかもしれません．

　本書の読者のみなさんにとっては，統計学的に致命的ミスを犯さない実験観察のプランニング技法すなわち「実験計画法」は日常的に必要になる知識だと思います．ある実験を進めようとするとき，その計画がはたして統計学的に問題ないのかを事前に検討することは，その実験に投入される金銭と時間，そしてマンパワーを無駄にしないために不可欠だからです．

　Ⅳ部では実験計画法の実例をお見せしながら，数値データからの計算を進める作業段階と，それを背後から理論的に支える統計学理論との絶妙なかかわり合いを説明しましょう．

実験計画法の基本原則

> そもそも実験計画法って何なんですか？

　農業実験は農作物の食料生産と品質管理にとって不可欠です．しかし，今から1世紀前，農業実験を正確に実施するための科学的な基本方針がまったくなく，現場の実験者たちに委ねられていたのが実情でした．

　イギリスのロザムステッド農業試験場に所属していた生物統計学者ロナルド・A・フィッシャーは，1920年代に，のちに**実験計画法**とよばれる理論体系のもとになる論文を出版しました．「野外実験の準備」と題されたこの論文には，今なお有効な実験計画の次の三原理の理念が提唱されていました：

①**反復実施**：同一実験処理を複数回実施することにより，その処理にともなうばらつきを評価する

②**無作為化**：実験処理区のランダムな配置をすることにより，背景要因によるデータへの体系的な影響を偶然誤差化

Ronald A. Fisher
1890-1962

実験計画法：
experimental design

R. A. Fisher : *Journal of the Ministry of Agriculture of Great Britain*, 33 : 503-513, 1926

する

③ **局所管理**：実験場所を適切にブロック分割することにより，ブロック内の実験環境の均一化をはかる

　フィッシャーが提唱した実験計画の三原理は，農業実験にかぎらず，あらゆる分野での実験のプランニングをする際の統計学的なガイドラインとして常に目配りする必要があります．

　その理由は，綿密な設計を怠ったまま実験を実施したとき，得られたデータが統計学的な分析にかけられないリスクが高まるからです．その意味で，実験計画は，単にデータの解析法にとどまるわけではなく，むしろデータをとるための実験を思い立った最初の段階からすでにはじまっていると考えるべきでしょう．

「　データが統計学的な分析にかけられないリスク　」

なぜ試験区配置の無作為化が必要なのか

殺虫剤試験の実例：
K. A. Gomez &
A. A. Gomez：
Statistical Procedures for Agricultural Research, Second Edition. John Wiley & Sons, New York, 1984

以下では，農業実験から殺虫剤試験の実例をとり上げ，実験計画

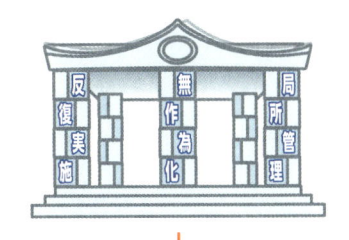

の理念とその実践について説明を進めましょう.

この殺虫剤試験は,対照群(無処理群)を含めた7種類の殺虫剤(a〜g)がイネの収量に対して及ぼす効果を調べるために,フィリピンの国際イネ研究所(IRRI)で実際に行われた実験です.

本実験では1要因7水準に関して4反復の試験区が設定されました.

これは同一水準の実験が4回反復されるわけですから,フィッシャーの「反復実施」の原則が守られていることになります.7水準を4反復するためには合計28試験区が必要になります.図11-1は実験圃場における28試験区の配置を図示しています.

実験計画法では,ここでの殺虫剤は実験者がコントロールできる要因(factor)であり,異なる殺虫剤はその要因を構成する水準(level)とよばれます.

IRRI = International Rice Research Institute

図11-1 殺虫剤試験での試験区の無作為化配置

a	b	c	d	g	f	c
e	d	a	g	c	g	f
d	f	g	b	e	d	b
b	c	e	a	f	a	e

ひと目でわかるように"無作為化"されたこの試験区配置はもちろんフィッシャーの「無作為化」の原則を踏まえています.無作為

化配置がなぜ必要かは，無作為化されなかったならばどういう結末になるかを考えれば明白です．図11-2は無作為化されていない仮想的な試験区配置です．

図11-2　無作為化されていない試験区配置

a	b	c	d	e	f	g
a	b	c	d	e	f	g
a	b	c	d	e	f	g
a	b	c	d	e	f	g

この図11-2の試験区配置はすべての水準が端からきれいに並べられていますが，その点が致命的なリスクを抱える原因となります．

たとえば，この圃場の水平方向（⟷）に潜在的な土壌水位の勾配があって，左側ほど湿潤な試験区だったとします．殺虫剤の水準aはもっとも湿潤な試験区に集中的に配置されたことになります．収穫してみたところ，水準aの収量がとても多かったと仮定しましょう．このとき私たちは「殺虫剤aが効いたから高収量なのだ」と結論できるでしょうか．

いいえ！　もしかしたら水位が高いから収量が高いのかもしれないじゃないですか．

そのとおりです．そしていかなる統計手法を駆使したとしても，水準aの効果と土壌水位の効果とを区別することはできません．試験区配置を無作為化しなかったために，水準と土壌水位という2つの要因効果が混じりあってしまったからです．要因間の交絡がある場合，その実験計画は最初からまちがっていたと結論するしかありません．これまでに労した時間が水の泡となってしまうわけです．実験計画の大切さがおわかりいただけたでしょうか？

一方，図11-1 の無作為化配置ではすべての水準は土壌水位の異なるさまざまな試験区に割り付けられているので，土壌水位のちがいとは独立に殺虫剤の効果を調べることが可能です．フィッシャーの無作為化の意義はここにあります．この 図11-1 に示されたような無作為化配置を含む実験計画は**完全無作為化法**とよばれています．

> 要因効果が混じりあう：実験計画法では交絡（confounding）とよびます

> 完全無作為化法：completely randomized design

「　　いったん交絡してしまうと
　　いかなる統計手法を駆使したとしても，
　　　区別することはできません　　　」

IV 統計ユーザーが王国を自分の脚で闊歩する

12 完全無作為化法の分散分析
―地道に計算する衆生に正規分布の王様は手を差し伸べる

　典型的な実験計画法では，実際にデータが得られる前に，予想されるデータのばらつきに関する線形モデル（多くの場合，正規分布が前提）を仮定します．そして，首尾よく数値データが得られたならば，私たちはその次の段階に進むことができます．

　データの数値のもつばらつきは私たちが手にする唯一の情報源です．したがって，仮定した線形モデルを横目にみながら，データのばらつきを整理して数値化する必要があります．

データのばらつき全体のうち，実験処理や偶然誤差といった変動要因が実際どれくらいのばらつきをデータにもたらすかは統計量として表すことができます．まずはじめにこの地道な計算について説明します．

　一方，仮定した線形モデルからは，データが抽出された母集団に関して，ばらつきをあらわす統計量がどのような確率分布をするかが数学的に導出されています．
　私たちがデータから地道に計算しているとき，雲の上ではパラメトリック統計学の厳密な数学理論がデータのふるまいに関する数式を操作しているのです．そして，データから最終的に実験処理や偶然誤差のばらつきの集計が完了したとき，雲の上から正規分布の王様がおもむろに降臨し，地上の私たちが計算してきた結果からはたして実験処理の効果があったかどうかの御神託を手渡します．

　データからの計算と統計理論が合体するその瞬間を私たちは体験できます．

完全無作為化法の実験データと統計モデル

完全無作為化法にしたがって試験区が割り付けられた殺虫剤試験では**表12-1A**に示すような収量データが得られました．左端には**処理**の水準が列挙されています．続く各行には反復された4データ値（kg/ha）が並べられ，**表12-1B**の右側には水準ごとの**処理和**と**処理平均**が計算されています．全体を集計した**総和**と**総平均**が下段に記されています．

収量データが得られ，その集計がまとめられた時点で，実験計画法は次の段階に移ります．

表12-1Bをよくみると，計28個それぞれのデータが多かれ少なかればらついていることはすぐにわかります．しかし，私たちの目的は一つひとつのデータのばらつきの観察にあるわけではありません．

そもそもこの試験をやろうと思い立ったのは，イネの収量に対して各殺虫剤がどれくらい効くのかを知りたいという目的があったからでしょう．

得られたデータを統計解析するための方針は，実験計画を立てた

処理：treatments

処理和：treatment total

処理平均：treatment mean

総和：grand total

総平均：grand mean

データを統計解析：すなわち実験計画の分散分析

表12-1 無作為化の配置と得られたデータ

a	b	c	d	g	f	c
e	d	a	g	c	g	f
d	f	g	b	e	d	b
b	c	e	a	f	a	e

A

処理	データ（kg/ha）			
Dol-Mix（1 kg）	2,537	2,069	2,104	1,797
Dol-Mix（2 kg）	3,366	2,591	2,211	2,544
DDT+γ-BHC	2,536	2,459	2,827	2,385
Azodrin	2,387	2,453	1,556	2,116
Dimecron-Boom	1,997	1,679	1,649	1,859
Dimecron-Knap	1,796	1,704	1,904	1,320
Control	1,401	1,516	1,270	1,077

B

処理	データ（kg/ha）				処理和（T）	処理平均
Dol-Mix（1 kg）	2,537	2,069	2,104	1,797	8,507	2,127
Dol-Mix（2 kg）	3,366	2,591	2,211	2,544	10,712	2,678
DDT+γ-BHC	2,536	2,459	2,827	2,385	10,207	2,552
Azodrin	2,387	2,453	1,556	2,116	8,512	2,128
Dimecron-Boom	1,997	1,679	1,649	1,859	7,184	1,796
Dimecron-Knap	1,796	1,704	1,904	1,320	6,724	1,681
Control	1,401	1,516	1,270	1,077	5,264	1,316
総和（G）					57,110	
総平均						2,040

12●完全無作為化法の分散分析

線形モデル→p.57

時点で私たちが想定している**線形モデル**を確認することからはじまります．本例で仮定されている線形モデルは**図12-1**に示すとおりです．

図12-1 殺虫剤試験での線形モデル（数式）

$$x_{ij} = \mu + \boxed{\alpha_i} + \boxed{\epsilon_{ij}} \, (\epsilon_{ij} \sim N(0, \sigma^2))$$

- データ：x_{ij}（第i水準 第j標本）
- 総平均：μ
- 処理効果：α_i
- 誤差項：ϵ_{ij}
- 誤差の正規性（仮定）

左辺の「x_{ij}」は第i水準第j反復のデータを意味する．したがって水準数$i=1, 2,..., 7$であり，反復数$j=1, 2,..., 4$となる．このx_{ij}は実測された数値データだが，等号の右辺はこれらのデータをどのように説明するかの基本方針をモデルとして明示している．右辺の総平均（μ）は定数．一方，処理効果（α_i）は第i水準の処理効果を表す数値であり，水準によって効いたり（正値）だったり効かなかったり（負値）する．また，最後の誤差項ϵ_{ij}はデータに偶然的なばらつきを生じさせる要因であり，水準iと反復jに関係なくつねに同一の正規分布$N(0, \sigma^2)$に従うと仮定する．

要するに，**図12-1**の線形モデルは，データx_{ij}の総平均μのまわりのばらつきは処理要因α_iと誤差要因ϵ_{ij}の2つの要因によって生じているものと解釈すると宣言しているわけです．

追加質問

誤差項が正規分布するという仮定は必ず正しいのでしょうか？

従来の統計モデルでは誤差が正規分布することを前提として理論がつくられてきました．しかし，現実には正規分布にしたがわないデータは少なくありません．近年は正規分布以外の誤差をも許容する「一般化線形モデル（GLM：generalized linear model）」が広く用いられるようになってきました．

分散は分割せよ
—知りたいばらつきをあぶり出す

　この実験では，殺虫剤7水準の実験処理を4反復の完全無作為化法で実施します．表12-2に示されているように，処理平均をみれば，水準によって収量がばらつくことがわかります．

　また，同じ水準のなかでも反復によって収量はばらつきます．

> ばらつきが2種類あるので，よくわかりません．知りたい量の見通しをよくすることはできないでしょうか？

　表12-2は，データがもつ総平均からの偏差（全偏差）が，処理要因と誤差要因の2要因に対応して処理偏差と誤差偏差に分割されるようすを図示化しています．**全偏差**は総平均からの個々のデータのばらつきの偏差を数値化しますが，**処理偏差**は水準ごとに計算された処理平均と総平均とのばらつき，そして**誤差偏差**は処理平均を基準にしたときの同水準内でのデータのばらつきをそれぞれ偏差として数値化しています．表12-2に視覚的に示された偏差の実際の計算式は図12-2のようになります．

表12-2 データの全偏差を処理偏差と誤差偏差に分割する

処理	データ(kg/ha) ($=x_{ij}$)				処理和(T)	処理平均($=\bar{x}_{i.}$)
Dol-Mix(1 kg)	2,537	2,069	2,104	1,797	8,507	2,127
Dol-Mix(2 kg)	3,366	2,591	2,211	2,544	10,712	2,678
DDT+γ-BHC	2,536	2,459	2,827	2,385	10,207	2,552
Azodrin	2,387	2,453	1,556	2,116	8,512	2,128
Dimecron-Boom	1,997	1,679	1,649	1,859	7,184	1,796
Dimecron-Knap	1,796	1,704	1,904	1,320	6,724	1,681
Control	1,401	1,516	1,270	1,077	5,264	1,316
総和(G)					57,110	
総平均($=\bar{x}_{..}$)						2,040

誤差偏差　全偏差　処理偏差

図12-2　偏差分割の計算式

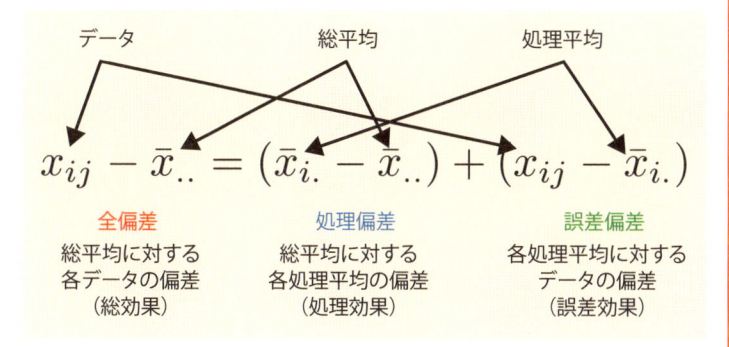

データ　　　　総平均　　　　処理平均

$$x_{ij} - \bar{x}_{..} = (\bar{x}_{i.} - \bar{x}_{..}) + (x_{ij} - \bar{x}_{i.})$$

全偏差　　　　　　処理偏差　　　　　　誤差偏差
総平均に対する　　総平均に対する　　　各処理平均に対する
各データの偏差　　各処理平均の偏差　　データの偏差
（総効果）　　　　（処理効果）　　　　（誤差効果）

　各データに対して図12-2に示した**偏差分割式**が書けます．この例では全部で7水準4反復の計28の式になります．続いて，それらの偏差を集計してデータ全体のばらつきを数値化するためには，左辺の偏差を平方して全水準全反復にわたって足し合わせることで平方和を計算する必要があります．

　ところが，それぞれの偏差分割式の右辺については平方展開しなければならないので，途中計算はやや複雑になります．しかし，処理偏差と誤差偏差の積の総和はゼロとなり，最終的に全平方和は処理平方和と誤差平方和の和になります．

この操作の意味については，第5章参照．

$\sum_i \sum_j (\bar{x}_{i.} - \bar{x}_{..}) \times (x_{ij} - \bar{x}_{i.}) = 0$

図12-3 平方和を分割する

$$\sum_i \sum_j (x_{ij} - \bar{x}_{..})^2 = \sum_i \sum_j \{(\bar{x}_{i.} - \bar{x}_{..}) + (x_{ij} - \bar{x}_{i.})\}^2$$
全平方和　　　　　　処理偏差　　　　誤差偏差

$$= \sum_i \sum_j (\bar{x}_{i.} - \bar{x}_{..})^2 + \sum_i \sum_j (x_{ij} - \bar{x}_{i.})^2$$
処理平方和　　　　　誤差平方和

$$+ 2\sum_i \sum_j (\bar{x}_{i.} - \bar{x}_{..})(x_{ij} - \bar{x}_{i.})$$

ここで:

$$\sum_i \sum_j (\bar{x}_{i.} - \bar{x}_{..})(x_{ij} - \bar{x}_{i.}) = \sum_i (\bar{x}_{i.} - \bar{x}_{..}) \sum_j (x_{ij} - \bar{x}_{i.})$$
$$= 0$$

したがって:

$$\sum_i \sum_j (x_{ij} - \bar{x}_{..})^2 = \sum_i \sum_j (\bar{x}_{i.} - \bar{x}_{..})^2 + \sum_i \sum_j (x_{ij} - \bar{x}_{i.})^2$$
全平方和　　　　　　処理平方和　　　　　　誤差平方和

すなわち，データのばらつき全体を処理要因と誤差要因に起因する2つの部分にきれいに切り分けられるということです．

平方和にはかならず自由度がついてまわります．

全平方和は総平均に対する計28偏差から構成される統計量ですから，すべての偏差の総和がゼロになるという制約が1つ生じます．したがって，全平方和の自由度（**全自由度**）は28 − 1 = 27となります．

同様に，処理平方和については，総平均からの処理平均の偏差す

べての和はゼロとなるので，その自由度は 7 − 1 = 6 です．

すこし複雑なのは残った誤差平方和についてです．誤差平方和を構成する誤差偏差は全部で 28 個ですが，その内訳は各水準ごとに計算された処理平均に対して同一水準内の 4 データとの偏差を 7 水準にわたって平方して集計します．このとき，同一水準の 4 つの偏差は和がゼロになるという制約が生じます．つまり，各水準ごとに偏差は 4 つありますが，このうち自由に動ける偏差は 3 つだけということです．この制約がすべての水準について成立しますから，誤差平方和には全部で 7 つの制約が課されることになります．したがって，誤差平方和の自由度は 28 − 7 = 21 となります．

この値は，全平方和の自由度（27）− 処理平方和の自由度（6）からも算出できます．

「 データのばらつき全体を処理要因と誤差要因に
　起因する 2 つの部分にきれいに切り分けられる 」

ノイズに対するシグナルの大きさ
―F値

> 平方和と自由度…これって，分散が計算できませんか？

　鋭いですね．平方和を自由度で割れば分散が算出できます．実験計画法では伝統的に分散を**平均平方**と呼び習わしてきたので，以下でもこの用語を使うことにします．処理要因に関する分散すなわち「処理平均平方＝処理平方和÷処理自由度」，および誤差要因に関する分散すなわち「誤差平均平方＝誤差平方和÷誤差自由度」が計算されたならば，いよいよ最後のステップです．

　すべての実験には目的があります．
　いま私たちが対象としているデータは殺虫剤という実験処理がイネの収量にどれくらい効いたかを調べるのが目的です．
　このとき私たちが知りたいのは，偶然誤差によるデータのばらつきに対して，殺虫剤による実験処理がもたらすデータのばらつきがどれほど大きいかという相対的な比較です．それぞれの要因によるばらつきはすでに平均平方という数値として計算されています．そこで，

平均平方：mean square

「処理平均平方÷誤差平均平方」という比の値を考えてみましょう．

この比を F 値と呼びます．

処理と誤差の分散比を意味する F 値が大きければ私たちは偶然誤差という"ノイズ"よりも実験処理の"シグナル"の方が大きいので，殺虫剤による収量のちがいは「ある」と直感的に判定できます．ところが，F 値が小さいと"シグナル"が"ノイズ"にかき消されてしまい，「ある」という判定は直感的に難しくなってしまいます．

> 「 F 値が大きければ殺虫剤による収量のちがいは
>   「ある」と直感的に判定できます   」

では，この F 値はどれくらい大きければ客観的に実験要因の効果が「ある」といえるのでしょうか？

たしかに，主観的な判断で F 値が「大きい」と言うことはできません．

私たちは生データから地道に計算し続けてようやく平均平方の比 F 値まで到達しました．しかし，数値計算で進められるのはここまでです．

F 値の「F」は実験計画法の祖 R. A. Fisher のイニシャル

そのとき，次の一歩がなかなか踏み出せない私たちに，雲の上から声が聞こえてきました．

正規分布の仮定から得られる御神託
―仮説検定という考え方

データからの数値計算が地上で進んでいたころ，雲の上の正規分布王国の神殿でも動きがありました．

説明したように，実験計画の最初の段階で私たちは「データ（x_{ij}）= 平均（μ）+ 処理効果（α_i）+ 誤差効果（ε_{ij}）」という統計モデルを仮定し，誤差効果は平均ゼロ，分散 σ^2 の正規分布 $N(0, \sigma^2)$ に従うと仮定しました．いま，仮に処理効果がない統計モデルすなわち「データ（x_{ij}）= 平均（μ）+ 誤差効果（ε_{ij}）」を考えてみましょう．

ここで，処理効果をもたないこの統計モデルを**帰無仮説**とよびます．これに対して処理効果をもつ元のモデルを**対立仮説**と名づけます．対立仮説は処理と誤差という2つの変動要因をもつのに対して，帰無仮説は誤差が唯一の変動要因です．

つまり，帰無仮説はデータのもつばらつきはすべて偶然誤差に起因すると宣言していることになります．

帰無仮説：null hypothesis

対立仮説：alternative hypothesis

データを帰無仮説「$x_{ij} = \mu + \varepsilon_{ij}$」によって説明しようすると，$\varepsilon_{ij}$ が正規分布 $N(0, \sigma^2)$ という仮定により，データ x_{ij} は平均 μ をもつ正規分布 $N(\mu, \sigma^2)$ に従うことになります．

図10-1の確率分布曼荼羅を見ると，正規分布にしたがう確率変数から計算された平方和は**カイ二乗分布**という確率分布にしたがい，平方和を自由度で割った平均平方の比（F値）は**F分布**という別の確率分布に従うことが数学的に証明できます．

この F 分布が地上の私たちに対して雲の上から届けられた御神託なのです．

帰無仮説のもとでの F 分布は F 値に関する確率分布で，分子である処理平方和の自由度（6）と分母の誤差平方和の自由度（21）の2つのパラメーターで確率分布の形が決まります（図12-4）．

図12-4　F分布の確率密度関数

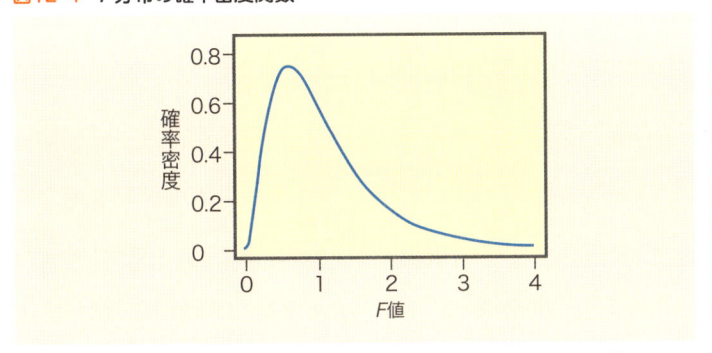

処理自由度（6）と誤差自由度（21）を2つのパラメーターとして描いた．

図12-4は，帰無仮説のもとではF値はどのような値を取りやすいかを私たちにはっきり示します．

　グラフの頂点がF値の1あたりにあることに注意してください．これは，帰無仮説のもとでは処理平均平方と誤差平均平方との比がほぼ1であること，すなわち処理平均平方と誤差平均平方とはほぼ同じ大きさをもつことを意味します．これは驚くようなことではなく，帰無仮説では処理効果がもともと仮定されていないわけですから，F値を構成する処理平均平方はたかだか誤差平均平方程度のばらつきしか生み出さないと考えれば，直感的に納得できるでしょう．

　逆に言えば，殺虫剤による処理効果が大きければ大きいほどF値は1よりも大きな値をとります．そこで，F分布の上側末端部に**棄却域**を設定します．

棄却域：critical region

> 棄却域は任意に決めてよいのですか？ 棄却域はどのくらいにするのがよいのでしょう？

　F分布の確率密度関数の下の部分の全面積は1ですから，棄却域はたとえば面積0.05（5％基準）あるいは0.01（1％基準）と設定するのがふつうです．そして，データから計算されたF値がこの棄却域に入るほど大きくなったら，そのときは「処理効果はない」と宣

言する帰無仮説を捨てて「処理効果はある」とする対立仮説を採用しようという意思決定方針を立てることにします(**図12-5**).

図12-5 　*F*分布を用いた仮説検定の考え方

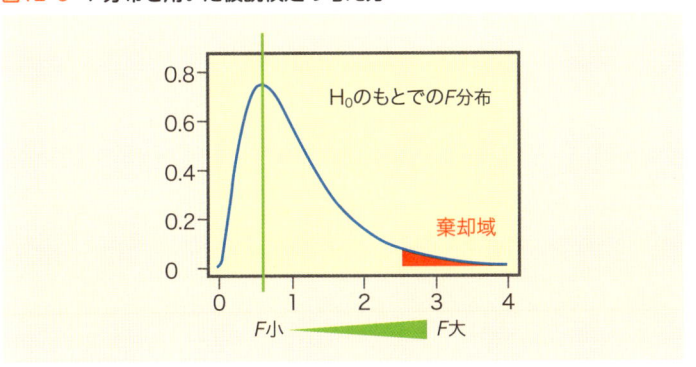

帰無仮説（H₀）のもとで設定された棄却域にデータから計算された*F*値が入るかどうかによって，帰無仮説を棄却するかどうかを決定する

　ここで重要な点は，棄却域は数値的に決定できるので，データから得られたF値が棄却域に入るかどうかは客観的に決定できるという点です．この*F*検定に基づく仮説検定は，実験計画法における**分散分析法**の根幹です．実際にデータから計算した結果を**表12-3**に示します．

　この例では，5％棄却域は*F*値が2.57以上，1％棄却域は3.81以上です．そして，データから計算された*F*値は9.8255ですから，

分散分析法：analysis of variance

表12-3 **分散分析表**

変動要因	自由度	平方和	平均平方	F値	$F_{0.05}(6, 21)$	$F_{0.01}(6, 21)$
全体	27	7,577,412				
処理	6	5,587,175	931,196	9.8255**	2.57	3.81
誤差	21	1,990,237	94,773			

上の結果から，殺虫剤散布実験では，処理要因の効果は1%レベルで有意であることが判明した．

5％棄却域はもちろん1％棄却域に入るほど大きな値と判定されます．したがって，この実験では1％レベルで**有意**な効果を殺虫剤の処理要因は示せたという結論になります．

有意：significant

まさにデータからの計算と統計理論が合体した瞬間です．

「　　　　　数値的に決定できるので，
データから得られた F 値が棄却域に入るかどうかは
　　　　　　客観的に決定できる　　　　　　」

このように，データからの数値計算と正規分布に基づく統計理論の両方があってはじめて，処理要因が有意であったかどうかが検定できるわけです．

統計データ解析の地上世界と天空世界

ここまで，実験計画法の考え方を実際の数値データをお見せしな

がら説明してきました．

　どんな実験であっても，計画を立てるときには，この実験区配置（レイアウト）を実施したときにどのようなデータが得られることになるのかをよく吟味し，それは実験計画法が呈示するスローガンに背かないことを確認する必要があります．せっかく時間と資金と人手をかけて行なう実験を無駄にしないためにも，実験をはじめる前のプランニングには十分に検討を重ねなければいけません．

　いったん適切な実験計画に則ってデータが得られたならば，その先は統計データ解析の出番です．
　得られたデータのばらつきはどんな要因に基づくのか．実験計画を立てた時点で，私たちはデータのばらつきとその要因を説明する統計モデルを仮定します．このモデルには観測値に影響する（一つまたは複数の）処理効果および誤差効果が含まれます．

　私たちが汗水流して表を作り，計算する"地上世界"では，モデルが仮定する要因に従って，データのばらつき（偏差）を要因ごとに分割し，平方和から平均平方（分散）と計算を進めれば，最後に分散比であるF値が得られます．
　一方，パラレルな"天空世界"では，正規分布に基づくパラメト

リック統計学の理論により，帰無仮説すなわち処理効果がなかったと仮定したときに，F値がどのような確率分布（F分布）を示すのかが数学的に導かれています．

　実験計画法の統計解析で必ず用いられる分散分析とは，"地上世界"で数値的に求められたF値が，"天空世界"で導出されたF分布の棄却域に入るかどうかを判定する仮説検定にほかなりません．

遭難防止の7つの狼煙台
その6：完全無作為法の分散分析

　このように，実験計画法とそれに伴う分散分析は，統計データ解析における数値計算と統計理論との関係を理解する格好の例を私たちに提示します．

　ともすれば私たちはデータから計算することに没頭してしまい，その背後にある論理や世界観を見失いがちです．しかし，実験データのふるまいは直感的なグラフや図表によって表されることを思い出しましょう．そのような直感（センス）があってはじめて数値化やモデル化の意味が実感をもって見えてくるでしょう．

> **追加質問**
> p値の水準と棄却域はどう違うのですか？
>
> 棄却域は分散分析の前にあらかじめ設定された水準値（5％あるいは1％）によって決まります．一方，よく用いられるp値はデータから求められた検定統計量（ここではF値）以上の値が帰無仮説のもとでどれくらいの確率で生じるのかを示します．

12 ● 完全無作為化法の分散分析

ちょっと休憩

a	b	c	d	g	f	c
e	d	a	g	c	g	f
d	f	g	b	e	d	b
b	c	e	a	f	a	e

処理	データ(kg/ha)			
Dol-Mix(1 kg)	2,537	2,069	2,104	1,797
Dol-Mix(2 kg)	3,366	2,591	2,211	2,544
DDT+γ-BHC	2,536	2,459	2,827	2,385
Azodrin	2,387	2,453	1,556	2,116
Dimecron-Boom	1,997	1,679	1,649	1,859
Dimecron-Knap	1,796	1,704	1,904	1,320
Control	1,401	1,516	1,270	1,077

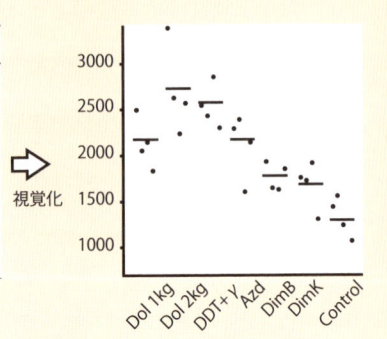

→ 視覚化

⇓ 数値化

処理	データ(kg/ha)				処理和(T)	処理平均
Dol-Mix(1 kg)	2,537	2,069	2,104	1,797	8,507	2,127
Dol-Mix(2 kg)	3,366	2,591	2,211	2,544	10,712	2,678
DDT+γ-BHC	2,536	2,459	2,827	2,385	10,207	2,552
Azodrin	2,387	2,453	1,556	2,116	8,512	2,128
Dimecron-Boom	1,997	1,679	1,649	1,859	7,184	1,796
Dimecron-Knap	1,796	1,704	1,904	1,320	6,724	1,681
Control	1,401	1,516	1,270	1,077	5,264	1,316
総和(G)					57,110	
総平均						2,040

処理	データ(kg/ha) ($=x_{ij}$)				処理和(T)	処理平均($=\bar{x}_{i.}$)
Dol-Mix(1 kg)	2,537	2,069	2,104	1,797	8,507	2,127
Dol-Mix(2 kg)	3,366	2,591	2,211	2,544	10,712	2,678
DDT+γ-BHC	2,536	2,459	2,827	2,385	10,207	2,552
Azodrin	2,387	2,453	1,556	2,116	8,512	2,128
Dimecron-Boom	1,997	1,679	1,649	1,859	7,184	1,796
Dimecron-Knap	1,796	1,704	1,904	1,320	6,724	1,681
Control	1,401	1,516	1,270	1,077	5,264	1,316
総和(G)					57,110	
総平均($=\bar{x}_{..}$)						2,040

誤差偏差 / 全偏差 / 処理偏差

全偏差 = 処理偏差 + 誤差偏差

データ / 総平均 / 誤差項

$$x_{ij} = \mu + \boxed{\alpha_i} + \boxed{\epsilon_{ij}} \;(\epsilon_{ij} \sim N(0, \sigma^2))$$

第i水準 第j標本 / 処理効果 / 誤差の正規性(仮定)

⇓ 分散分析表へ

統計学の王国を歩いてみよう

13 乱塊法による分散分析
―天地は最後にむすびつく

Ⅳ 統計ユーザーが王国を自分の脚で闊歩する

乱塊法
―もう一つの実験計画法の例として

　12章に説明した完全無作為化法に基づく実験計画法は，反復実施と無作為化という2つのスローガンを組み込んで実験区を配置します．本章でお話しする**乱塊法**は，これら2つに加えてさらに局所管理というスローガンを掲げます．

乱塊法：randomized block design

K. A. Gomez &
A. A. Gomez:
Statistical Procedures for Agricultural Research, Second Edition, John Wiley & Sons, 1984

6水準：ヘクタールあたりの種もみの重量にして25 kg～150 kgの範囲

　まずは実際の例をお見せしましょう．完全無作為化の事例と同じく，この実例もまたフィリピンの国際イネ研究所（IRRI）で実際に行われた農業実験です．この実験は，種もみの播種密度がイネの収量にどのような影響を及ぼすかを調べる目的で実施されました．

　種もみの播種密度は6水準で設定し，反復数は4回です．もしもこの実験を完全無作為化法によって実施したならば，圃場をまずはじめに6水準×4反復＝24実験区に分割し，圃場全域にわたる無作為化配置をすることになったでしょう．

> 今回の乱塊法ではどのような実験区レイアウトを用いるのですか？

　乱塊法とはあらかじめ反復ごとに「ブロック」を分割し，各ブロックの中で6水準すべてを無作為化配置するという実験区の割り付けをする方法です（図13-1）．

図13-1　乱塊法の実験区配置

e	b	c	a	d	e	f	d
a	d	b	f	c	b	e	c
f	c	e	d	a	f	b	a
ブロックⅠ		ブロックⅡ		ブロックⅢ		ブロックⅣ	

処理水準はa（低播種密度）～f（高播種密度）によって表示した．

実験計画法では無作為化をどのように実施するかによって違いが生じます．完全無作為化法の無作為化は，実験圃場に潜む環境要因がデータにどのような影響を及ぼすかがわからない状況で，そのバイアスを回避するという目的で行われます．一方，乱塊法は，実験に用いる圃場に関して事前に背景要因の傾向性がわかっているという状況で用いられる方法です．たとえば，図13-2のような場合を考えてみましょう．

図13-2　乱塊法でのブロックの切り方

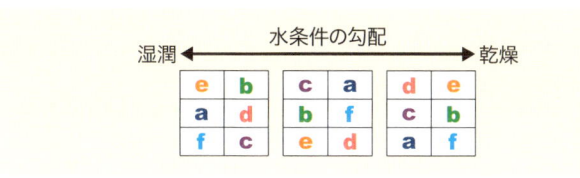

　実験に使おうとするある圃場に関して，東西方向（図の左右方向）に水条件に関する勾配があり，左側の場所は湿潤であるのに対し，右側は乾燥していることが事前にわかっていたとします．ある作物の収量に関する実験を予定しているならば，水条件の違いは得られるデータに大きな体系的バイアスをもたらすでしょう．このとき，水条件の勾配に"直交"する方向にブロックを切れば，データに影響を及ぼす可能性がある水条件を統制することができます．

図13-2では3つのブロックを設定し，乱塊法に基づいて6水準の無作為化配置をしました．このとき各ブロックは水条件に応じて左から「湿潤ブロック」「中間ブロック」「乾燥ブロック」と名づけられるでしょう．重要なのは，水条件に対応してブロックを切ることで，各ブロック内の環境条件をそろえた点にあります．これが第三のスローガンである局所管理です．すべての水準は水条件の異なるブロックでそれぞれ実施されるので，水準のもつ効果をよりはっきりと調べることができる．これが乱塊法の長所です．マウス実験の例では，マウスの血統，体重などがブロックごとに均一に配されるように設計することになります．

「　乱塊法は，実験に用いる圃場に関して
事前に背景要因の傾向性が
わかっているという状況で用いられる方法　」

追加質問
ブロックとして扱えるものにはどんなものがあるのですか？

同じ実験を異なる場所で実施したり時期を変えて実施するとき，場所や時期をブロックとみなして乱塊法が使えます．

乱塊法の"地上世界"

上の図13-1の乱塊法実験のもとで得られた数値データは表13-1のようになりました．

表13-1 乱塊法実験で得られた数値データ

処理 (kg seed/ha)	Rep.1	データ(kg/ha) Rep.2	Rep.3	Rep.4	処理和(T)	処理平均
25	5,113	5,398	5,307	4,678	20,496	5,124
50	5,346	5,952	4,719	4,264	20,281	5,070
75	5,272	5,713	5,483	4,749	21,217	5,304
100	5,164	4,831	4,986	4,410	19,391	4,848
125	4,804	4,848	4,432	4,748	18,832	4,708
150	5,254	4,542	4,919	4,098	18,813	4,703
ブロック和(R)	30,953	31,284	29,846	26,947	119,030	総和(G)
ブロック平均	5,159	5,214	4,974	4,491	4,960	総平均

　このデータ表を各水準の行ごとに横方向に集計すれば，完全無作為化法の場合と同じく，処理平均を求めることができます．

　ところが，乱塊法ではそれに加えて列ごとに縦に集計することにより，ブロック平均も計算できます．処理平均は水準ごとの効果の大小を，そしてブロック平均はブロックごとの効果の大小を数値化しています．乱塊法の線形モデルを図13-3に示します．

図13-3　乱塊法でのブロックの切り方

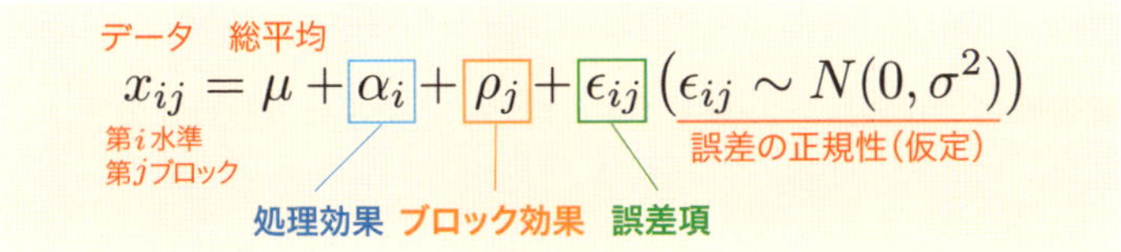

$$x_{ij} = \mu + \alpha_i + \rho_j + \epsilon_{ij} \quad (\epsilon_{ij} \sim N(0, \sigma^2))$$

データ：x_{ij}（第i水準 第jブロック）、総平均：μ、処理効果：α_i、ブロック効果：ρ_j、誤差項：ϵ_{ij}、誤差の正規性(仮定)

完全無作為化法になかったブロック効果の項（ρ_j）がはいってますね．

そうです．観測データ（x_{ij}）が総平均（μ）のまわりでばらつく要因は，右辺に示されているように，処理効果（α_i）とブロック効果（ρ_j）そして誤差項（ε_{ij}）です．誤差項は水準iと反復jに関係なく常に同一の正規分布 $N(0, \sigma^2)$ に従うと仮定します．

完全無作為化法よりも複雑なこの線形モデルには，ブロック効果が明示的に含まれていることに注意しましょう．

この統計モデルをことばで説明するならば，第i水準・第jブロックから得られたデータ x_{ij} は，第i水準効果（α_i）と第jブロック効果（ρ_j）の和に加えて誤差項（ε_{ij}）を含む，ということになります．

この統計モデルに基づく偏差の分割は表13-2に示す通りです．

表13-2　乱塊法における偏差分割

処理 (kg seed/ha)	データ(kg/ha) Rep.1	Rep.2	Rep.3	Rep.4	処理和(T)	処理平均
25	5,113	5,398	5,307	4,678	20,496	5,124
50	5,346	5,952	4,719	4,264	20,281	5,070
75	5,272	5,713	5,483	4,749	21,217	5,304
100	5,164	4,831	4,986	4,410	19,391	4,848
125	4,804	4,848	4,432	4,748	18,832	4,708
150	5,254	4,542	4,919	4,098	18,813	4,703
ブロック和(R)	30,953	31,284	29,846	26,947	119,030	
ブロック平均	5,159	5,214	4,974	4,491		4,960　総平均

全偏差＝処理偏差＋ブロック偏差＋誤差偏差

目標はデータのもつ全偏差を処理偏差・ブロック偏差・誤差偏差の3つに分割することです．完全無作為化法で示した手順を適用すれば，続く平方和と平均平方の計算を実行し，最終的に誤差平均平方を分母として処理平均平方を分子とする F 値，ならびに同じ誤差平均平方を分母に対してブロック平均平方を分子に置いた F 値が計算できます．

> **目標はデータのもつ全偏差を処理偏差・ブロック偏差・誤差偏差の3つに分割すること**

　これらをまとめた分散分析表を表13-3に示します．

表13-3　乱塊法における分散分析表

変動要因	自由度	平方和	平均平方	F値	$F_{0.05}$	$F_{0.01}$
処理	5	1,198,331	239,666	2.17^{ns}	2.90	4.56
ブロック	3	1,944,361	648,120	5.86**	3.29	5.42
誤差	15	1,658,376	110,558			
全体	23	4,801,068				

　誤差に対するブロック間の分散は有意な効果が認められたが，処理間の効果は認められなかった．

　この実験ではブロックは有意な効果が見出されました（$F > F_{0.01}$）が，処理に関しては有意な効果は検出できませんでした．すなわち

> 分散分析表の記号は一般的には次の意味である．
> ＊＝5％有意
> ＊＊＝1％有意
> ns＝有意ではない
> (not significant)

目的であった播種密度の収量への影響はあるとはいえない，ただしブロック間では差があったので水条件の影響などが考えられる，となります．

遭難防止の7つの狼煙台
その7：乱塊法の分散分析

　乱塊法の帰無仮説は，完全無作為化法と同じく，処理効果とブロック効果をともに含まない，誤差項のみの統計モデルです．上の分散分析では処理効果とブロック効果を含む対立仮説の統計モデルに対してF検定を実施し，要因が有意であるかどうかをF検定しました．観察データのもとで，どのような統計モデルを当てはめるのが妥当なのかという議論は，**モデル選択論**というもっと大きな問題につながっていきます．しかし，これはまたの機会といたしましょう．

モデル選択論：model selection

ちょっと休憩

	ブロックI	ブロックII	ブロックIII	ブロックIV
	e b	c a	d e	f d
	a d	b f	c b	e c
	f c	e d	a f	b a

処理 (kg seed/ha)	データ (kg/ha) Rep.1	Rep.2	Rep.3	Rep.4
25	5,113	5,398	5,307	4,678
50	5,346	5,952	4,719	4,264
75	5,272	5,713	5,483	4,749
100	5,164	4,831	4,986	4,410
125	4,804	4,848	4,432	4,748
150	5,254	4,542	4,919	4,098

⇒ 視覚化

⇩ 数値化

処理 (kg seed/ha)	Rep.1	Rep.2	Rep.3	Rep.4	処理和(T)	処理平均
25	5,113	5,398	5,307	4,678	20,496	5,124
50	5,346	5,952	4,719	4,264	20,281	5,070
75	5,272	5,713	5,483	4,749	21,217	5,304
100	5,164	4,831	4,986	4,410	19,391	4,848
125	4,804	4,848	4,432	4,748	18,832	4,708
150	5,254	4,542	4,919	4,098	18,813	4,703
ブロック和(R)	30,953	31,284	29,846	26,947	119,030	総和(G)
ブロック平均	5,159	5,214	4,974	4,491		4,960 総平均

処理 (kg seed/ha)	Rep.1	Rep.2	Rep.3	Rep.4	処理和(T)	処理平均
25	5,113	5,398	5,307	4,678	20,496	5,124
50	5,346	5,952	4,719	4,264	20,281	5,070
75	5,272	5,713	5,483	4,749	21,217	5,304
100	5,164	4,831	4,986	4,410	19,391	4,848
125	4,804	4,848	4,432	4,748	18,832	4,708
150	5,254	4,542	4,919	4,098	18,813	4,703
ブロック和(R)	30,953	31,284	29,846	26,947	119,030	
ブロック平均	5,159	5,214	4,974	4,491		4,960 総平均

全偏差 ＝ 処理偏差 ＋ ブロック偏差 ＋ 誤差偏差

$$x_{ij} = \mu + \alpha_i + \rho_j + \epsilon_{ij} \quad (\epsilon_{ij} \sim N(0, \sigma^2))$$

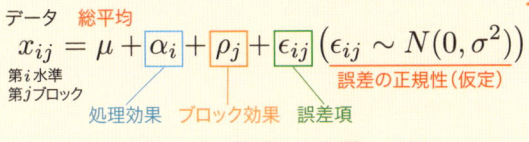

データ　総平均　処理効果　ブロック効果　誤差項
第i水準
第jブロック
誤差の正規性(仮定)

⇩ 分散分析表へ

本書の読了でできる・わかるようになっていること

- □ 視覚化の重要性がわかる
- □ データを視覚化できる
- □ 統計量は視覚化できる
- □ 統計推論はアブダクションである
- □ モデルは心理的本質主義の発露である

- □ 記述統計学と推測統計学の違い
- □ 統計量（ばらつき）を数値化できる
- □ 自由度はなぜn-1か

- □ 母集団を知るための手段が確率変数と確率分布である
- □ 正規分布や数理統計のルーツは日常生活空間にあった
- □ 中心極限定理の威力
- □ 確率分布曼荼羅の存在と活用法

- □ 実験計画法の三原則
- □ 完全無作為化法と乱塊法の違い
- □ 分散分析手順
    - □ データを集計する（和，平均）
    - □ 偏差の計算，平方和の計算，自由度の計算，分散の計算
    - □ モデルを確認する
    - □ ご神託から帰無仮説を評価する

王国での遭難を防ぐ7つのポイント

- □ 視覚化
- □ アブダクション
- □ 統計モデリング
- □ 平均と分散
- □ 確率分布曼荼羅
- □ 完全無作為法の分散分析
- □ 乱塊法の分散分析

エピローグ
―情報可視化，統計モデリング，アブダクション

> 13章もあっという間でした．無味乾燥に思っていた統計学のイメージが少し変わりました！

　それはよかったです．統計学は生きているサイエンスの1つとして，時代の風潮や傾向と無縁ではありません．今風には"データ・サイエンス"と呼ぶ方がカッコイイようですが，いわゆる"データ・ドリヴン（data-driven）"な科学研究は，大量の情報と高性能コンピューターの追い風に乗って，今後さらにその影響力を増していくのかもしれません．その一方で，科学研究の場だけでなく，いま私たちが生きている現代社会のなかでも，より多くのデータや情報を手にすることにより，あたかも宝探しのように"金脈"が掘り当てられるというちょっと都合のいいイメージが膨らんでいるようです．

　しかし，本書ではもっと地道な案内図をみなさんに提示しました．実験や観察を通して私たちが手にするデータには，それを生み出し

た因果構造がどこかに埋め込まれています．定量化された数値データはそのままでは私たちには解読できません．そこで，さまざまな統計グラフィクスのダイアグラムを利用することで，データの示すふるまいは誰もが理解できるように可視化することができます．万人がわかること——まさにこれが統計的データ解析の原点であるはずです．

エドワード・R・タフティは，長年にわたって，数値データをいかにして"見える"ようにできるかという**データ可視化**の問題に取り組んできました．昔から私たち人間は膨大かつ複雑なデータを可視化すべく試行錯誤をくり返してきました．つい最近私が翻訳したマニュエル・リマの最新刊『THE BOOK OF TREES—系統樹大全』もまた，多様性情報の可視化をめぐる一千年に及ぶ知的系譜を明らかにしてくれました．データや情報を視覚化する**インフォグラフィクス**を単なる流行語のまま終わらせるのではなく，現場で利用できる実質的なツールとして鍛えあげることが必要とされています．統計的データ解析はこの目標を見失ってはなりません．

その一方で，データや情報は既知の知見から未知なるものへの推論，すなわちアブダクションを目指すというもう一つの目標があり

Edward R. Tufte. 1942-

Edward R. Tufte. *The Visual Display of Quantitative Information, Second Edition*, Graphic Press, 2001

データ可視化：data visualization

Manuel Lima 1978-

インフォグラフィクス：infographics

『THE BOOK OF TREES—系統樹大全：知の世界を可視化するインフォグラフィクス』（マニュエル・リマ／著 三中信宏／訳），BNN新社，2015

ます．形態測定学者フレッド・L・ブックスタインの大著
『Measuring and Reasoning: Numerical Inference in the Sciences』
に力説されているように，データの統計モデリングを通じて，私た
ちはよりよい暫定的結論を導くことができます．ただし，このアブ
ダクションという推論には終わりがありません．真実を前提としな
いアブダクションは，新たなデータが出現するたびに新たなよりよ
い（しかしやはり暫定的な）結論へと移行します．

　膨張し続けるデータの可視化と，はてしないアブダクションの連
鎖 ── 身の丈サイズの統計学は情報の海とモデルの山を越える翼
を私たちに与えてくれます．

　おあとがよろしいようで．

Fred L. Bookstein 1947-

F. L. Bookstein: *Measuring and Reasoning: Numerical Inference in the Sciences*, Cambridge University Press, 2014

生物統計学への
お誘い本

Booklist

読者のみなさまへ

　これまで私が講師を担当してきた大学での講義や研修会では，受講生から生物統計学の参考図書を紹介してほしい要望が寄せられてきました．その声に押されて，私が開設している公式サイト「租界〈R〉の門前にて ── 統計言語「R」との極私的格闘記録」では，「統計学へのお誘い本リスト」というブックリストを公開し，不定期にアップデートしています．掲載されているのはすべて日本語の本です．生物統計学の勉強を始めようと思い立った人はもちろん，もう一度あらためて勉強し直したいという読者も対象に，私がセレクトした本を コメント付き でご紹介いたします．生物統計学の勉強を進める上で何かのお役に立てれば幸いです．なお，本書のグラフの大半はフリーの統計ソフトウェアRで計算し作図したものなので，Rに関する文献も挙げました．

● 租界〈R〉の門前にて ── 統計言語「R」との極私的格闘記録」
http://leeswijzer.org/R/R-top.html
● 「統計学へのお誘い本リスト」
http://leeswijzer.org/R/InvitationStatistics.html

1 門前でまだ迷っている人のための入門書

1） 高橋信
『マンガでわかる統計学』
（2004年7月刊行，オーム社，224 pp., 本体価格 2,000円）

> 「マンガ」という言葉に過剰反応しないように．
> ドイツ語にも翻訳されているまっとうな統計学入門書．

2） ダレル・ハフ（Darrell Huff）［高木秀玄訳］
『統計でウソをつく法：数式を使わない統計学入門』
（1968年7月刊行，講談社［ブルーバックス・B-120］，223 pp., 本体価格 880円）

> 半世紀も前に出版され，いまだに増刷されているというおそるべきロングセラー．古き良き時代のブルーバックスの魅力とともに．

3） 佐藤俊哉
『宇宙怪人しまりす 医療統計を学ぶ』
（2005年12月刊行，岩波書店［岩波科学ライブラリー114］，iv + 119 pp., 本体価格 1,200円）

> りすりす星からやってきた「しまりす」君が大活躍する医療統計学の入門書．

4） 佐藤俊哉
『宇宙怪人しまりす 医療統計を学ぶ：検定の巻』
（2012年6月刊行，岩波書店［岩波科学ライブラリー194］，vi + 110 pp., 本体価格 1,200円）

> 上掲書の続編となる本書は統計的検定をターゲットとする．最後に「りすりす星」に行ってしまったセンセイの運命やいかに．さらなる続編が期待される．

5） 石田基広
『とある弁当屋の統計技師（データサイエンティスト）：データ分析のはじめかた』
（2013年9月刊行，共立出版，x+211 pp., 本体価格 1,300円）

> ライトノベル業界にまで進出するのが現代の統計学の底力だ．

179

2 統計学の科学史と科学哲学

1) デイヴィッド・サルツブルグ（David S. Salsburg）
〔竹内惠行・熊谷悦生訳〕
『統計学を拓いた異才たち：経験則から科学へ進展した一世紀』
(2010年4月刊行，日本経済新聞出版社〔日経ビジネス人文庫1143〕，504 pp., 本体価格1,143円)

> 統計学がたどってきた長い歴史を数々の歴史エピソードとともに解説する．それにしても統計学者は変人ぞろいである．

2) シャロン・バーチュ・マグレイン（Sharon Bertsch McGrayne）〔冨永星訳〕
『異端の統計学ベイズ』
(2013年10月刊行，草思社，512 pp., 本体価格2,400円)

> 最近のデータ解析の最前線ではベイズ統計アプローチが重宝されている．このベイズ統計学が歩んできたイバラの道を振り返る本．

3) エリオット・ソーバー（Elliott Sober）〔松王政浩訳〕
『科学と証拠：統計の哲学入門』
(2012年10月刊行，名古屋大学出版会，256 pp., 本体価格4,600円)

> 統計的推論はデータと仮説とを結びつける経験主義の科学哲学と関係がある．本書は現代統計学を科学哲学の側から考察している．

4) イアン・ハッキング（Ian Hacking）〔広田すみれ・森元良太訳〕
『確率の出現』
(2013年12月刊行，慶應義塾大学出版会，viii+394 pp., 本体価格3,800円)

> 確率という概念はそもそもどのような歴史的文脈の中で成立してきたか．本書は確率論と統計学の科学史に踏み込んだ古典的名著である．

3 ヴィジュアル系の統計学入門書

1) 市原清志
『バイオサイエンスの統計学：正しく活用するための実践理論』
（1990年2月刊行，南江堂，398 pp., 本体価格 4,660円）

> 確率と統計の基本概念を数式ではなく多くのグラフや図表を駆使して解説した本．初版以来すでに四半世紀を越えてなお読み継がれている名著．

2) 市原清志・佐藤正一
『カラーイメージで学ぶ〈新版〉統計学の基礎 [CD-ROM付]』
（2014年9月刊行，日本教育研究センター，314 pp., 本体価格 4,200円）

> 上掲書『バイオサイエンスの統計学』よりもさらにカラフルな図版とともにヴィジュアル統計学を実践した本．

4 入門の覚悟を決めた人のための本

1) C・R・ラオ（C. R. Rao）［藤越康祝・柳井晴夫・田栗正章訳］
　『統計学とは何か：偶然を生かす』
(2010年2月刊行，筑摩書房［ちくま学芸文庫］，321 pp.，本体価格1,300円)

> 理論統計学の泰斗ラオによる統計学本．姿勢を正して読むべし．

2) 粕谷英一
　『生物学を学ぶ人のための統計のはなし
　　：きみにも出せる有意差』
(1998年3月刊行，文一総合出版，199 pp.，本体価格2,400円)

> 通称「ピンク本」．この本に救済された読者は数限りないと聞く．アナタもきっと救われるだろう．

3) 竹村彰通
　『統計［第2版］』
(2007年9月刊行，共立出版［共立講座・21世紀の数学：第14巻］，173 pp.，本体価格2,700円)

> 入門書とはいえ数理統計学の本なので，それなりの覚悟が必要だろう．

4) 鵜飼保雄
　『統計学への開かれた門』
(2010年2月刊行，養賢堂，340 pp.，本体価格4,200円)

> 植物育種学を専門とする著者の手になる本書は，農業実験における生物統計学の諸方法を豊富な具体例とともに解説している．

5 Rを片手に統計修行

1) 青木繁伸
『Rによる統計解析』
(2009年4月刊行，オーム社，x + 322 pp., 本体価格3,800円)

> 統計言語Rを用いた統計学の解説書．個別の統計手法ごとにRによる計算手順が示されている．

2) 石田基広
『Rで学ぶデータ・プログラミング入門：RStudioを活用する』
(2012年10月刊行，共立出版，viii+278 pp., 本体価格3,200円)

> Rのプログラミング環境であるRStudioの解説書．

3) 舟尾暢男
『Rで学ぶプログラミングの基礎の基礎』
(2014年1月刊行，カットシステム，244pp.，本体価格2,800円)

> Rプログラミングの入門書．

4) 長畑秀和・中川豊隆・國米充之
　　『Rコマンダーで学ぶ統計学』
（2013年10月刊行，共立出版，288 pp., 本体価格 3,000 円）

> Rにメニュー形式のインターフェイスを与えるパッケージRコマンダーの解説書．

5) 大森崇・阪田真己子・宿久洋
　　『R Commander によるデータ解析・第2版』
（2014年1月刊行，共立出版，x+221 pp., 本体価格 2,800 円）

> Rコマンダーを用いた統計分析法を解説する．

6) ポール・マレル（Paul Murrell）［久保拓弥訳］
　　『Rグラフィックス：Rで思いどおりのグラフを作図するために』
（2009年10月刊行，共立出版，xxii+316 pp., 本体価格 4,300 円）

> Rを用いた統計グラフィックスの作図について詳述した解説書．

6 すでに入門してしまった人のための次なる本（線形モデルを中心に）

1) マイケル・J・クローリー（Michael J. Crawley）
［野間口謙太郎・菊池泰樹訳］
『統計学：Rを用いた入門書』

(2008年5月刊行，共立出版，xiv+344 pp., 本体価格 4,300 円)

> 生態学者として知られる著者がさまざまな具体的データとともにRによる統計モデリングを解説した本．とても勉強になる．

2) 粕谷英一
『一般化線形モデル』

(2012年7月刊行，共立出版［Rで学ぶデータサイエンス・10］, 224 pp., 本体価格 3,500 円)

> 従来の線形モデルから最近の一般化線形モデルへの橋渡しとなる理論と実例をまとめた本．リクツが好きなあなたにはこの本を．

2) アラン・グラフェン，ロージー・ハリス
（Alan Grafen, Rosie Hails）［野間口謙太郎・野間口眞太郎訳］
『一般線形モデルによる生物科学のための現代統計学
：あなたの実験をどのように解析するか』

(2007年1月刊行，共立出版，350 pp., 本体価格 5,000 円)

> これまた事例が豊富な線形統計モデルの解説本．

7 ややイノチ懸け系な数理統計学書

1) 中塚利直
『応用のための確率論入門』
(2010年6月刊行，岩波書店，202 pp., 本体価格 2,800円)

> 確率論の数学的な基礎である測度論・ルベーグ積分・確率分布・確立過程について知るための本．

2) 竹村彰通
『現代数理統計学』
(1991年12月刊行，創文社，360 pp., 本体価格 4,200円)

> 一変量数理統計学の解説書．かつてはこういうスタイルが「統計学」だったのだ．

3) 竹村彰通
『多変量推測統計の基礎』
(1991年9月刊行，共立出版，302 pp., 本体価格 4,660円)

> 上掲書『現代数理統計学』を一般化した多変量統計学の数学理論．線形代数（ベクトル・行列）は必須の事前知識．

4) C・R・ラオ
『統計的推測とその応用』
(1977年11月刊行，東京図書，ISBN:4489001746 ※絶版)

> 線形統計モデルの数学理論はすべてこの本で学べる．ただし，死して屍拾う者なし．

8 たまにはベイズもいかが？

1) 伊庭幸人
『ベイズ統計と統計物理』
（2003 年 8 月刊行，岩波書店［岩波講座〈物理の世界〉：物理と情報 3］，110 pp., 本体価格 1,400 円）

> ああ，なんと罪な本であることか．この本を手にしてベイズ統計学にハマった読者は少なくないはず．

2) マイケル・A・マッカーシー（Michael A. McCarthy）
［野間口眞太郎訳］
『生態学のためのベイズ法』
（2009 年 3 月刊行，共立出版，xiv+316 pp., 本体価格 4,500 円）

> 別名「カエル本」．いまや生態学はベイズ統計学の草刈り場と化してしまった感があるな．

3) 久保拓弥
『データ解析のための統計モデリング入門
：一般化線形モデル・階層ベイズモデル・MCMC 』
（2012 年 5 月刊行，岩波書店［シリーズ：確率と情報の科学・第 I 期］，xiv+267 pp., 本体価格 3,800 円）

> はい，通称「みどり本」はアナタを連れ去ってしまうにちがいありません．一般化線形モデルからベイズ統計学への道はシアワセが敷き詰められている？　それとも？

欧文

F値 153, 169
F分布 155

和文

あ行

アブダクション
.... 50, 52, 59, 60, 66, 69, 97, 175
意思決定 32, 157
インデックス・プロット 42
インフォグラフィクス 175
ウォルター・F・R・ウェルドン 16
オッカムの剃刀 71

か行

カイ二乗分布 155
カール・フリードリッヒ・ガウス
.... 112
確率分布 93, 97, 104, 106, 107
確率分布曼荼羅 129, 139
確率変数 19, 97, 104, 107
確率論 106
完全無作為化法 141
幹葉表示 22, 25, 35
棄却域 156
記述統計学 49, 82, 89, 92
期待値 119
帰無仮説 154
共通要因 63
局所管理 138, 163
カルロ・ギンズブルグ 51
グラフィクス 25
交絡 141
誤差平均平方 152, 169

誤差偏差 46, 149, 169
誤差要因 146

さ行

最小二乗法 113
最節約原理 71
サーチライト理論 40
視覚化 30
事象 102
悉皆調査 66
実験計画法 136, 137
自由度 82, 88, 150
処理 144
処理平均 44, 144
処理平均平方 152, 169
処理偏差 45, 149, 169
処理要因 146
処理和 144
心理学的本質主義 63, 67
推測統計学 49, 66, 76, 82, 90, 93
数理統計学 3, 8, 19, 22, 99, 107
正規分布 19, 109, 112,
114, 118, 125, 127, 154
生物測定学 19
生物統計学 2, 6
説明 54
線形モデル 57, 142, 146, 167
全自由度 150
全偏差 43
総平均 43, 144
総和 144
エリオット・ソーバー 71
素朴統計学 29

た・な行

- 対立仮説 154
- エドワード・R・タフティ 175
- 探索的データ解析 21, 22, 25, 30
- 中心極限定理 113, 130
- データ解析 21
- データ・サイエンス 174
- データ数 83
- データの可視化 32, 50, 176
- ジョン・W・テューキー 21, 74
- 統計学的思考 3, 20
- 統計グラフィクス 22, 36, 38, 175
- 統計的推論 37
- 統計モデル 73, 154
- 統計量 101
- アブラハム・ド・モアブル 109
- 二項分布 19, 104, 108, 127
- 認知的性向 37

は行

- バケツ理論 40
- 箱ひげ図 22, 26, 35, 74
- 外れ値 28
- イアン・ハッキング 47
- ばらつき 62
- パラメーター 118
- パラメトリック統計学 ....
  67, 73, 93, 97, 99, 104, 108, 114,
  116, 123, 124, 125, 129, 135
- 反復実施 137, 139
- カール・ピアソン 19, 116, 125
- 標準偏差 118
- 頻度 88
- ロナルド・A・フィッシャー ... 19, 137

フレッド・L・ブックスタイン

- フレッド・L・ブックスタイン 176
- 不偏分散 92
- ブロック 164
- ブロック偏差 169
- 分散 83, 92, 96, 118
- 分散分析 47, 157
- 平均 47, 96, 118
- 平均値 42
- 平均平方 152, 169
- 平方和 78, 82, 169
- ジャック・ベルヌーイ 101, 106
- ベルヌーイ分布 104
- 偏差 76
- 偏差分割式 149
- 偏差平方和 78
- 変量 19
- 蜂群図 79
- 母集団 90, 96, 100
- セオドア・M・ポーター 99
- カール・R・ポパー 40
- 本質 63

ま・や・ら行

- 無作為化 137, 139
- メディアン 26, 74
- モデル 56, 63
- モデル選択論 70, 170
- 有意 158
- ピエール-シモン・ラプラス 113
- マニュエル・リマ 175
- 乱塊法 163

◇ 著者プロフィール

三中信宏（みなか のぶひろ）

1958年京都生まれ．東京大学大学院農学系研究科博士課程修了．農学博士．国立研究開発法人農業・食品産業技術総合研究機構農業環境変動研究センター環境情報基盤研究領域統計モデル研究ユニット長ならびに東京大学大学院農学生命科学研究科教授を経て，現在，人間環境大学（松山道後キャンパス）総合環境学部フィールド自然学科教授・学科長．著書：『生物系統学』（東京大学出版会），『系統樹思考の世界』『分類思考の世界』（以上，講談社現代新書），『系統樹曼荼羅』（共著，NTT出版），『思考の体系学』（春秋社），『系統体系学の世界』（勁草書房），『統計思考の世界』（技術評論社）他．訳書：エリオット・ソーバー『過去を復元する』（勁草書房），マニュエル・リマ『系統樹大全』（ビー・エヌ・エヌ新社），マニュエル・リマ『円環大全』（監訳，ビー・エヌ・エヌ新社）．

□ photograph by Kiyomi Fujitani

本書は，小社刊行の『実験医学』誌の2014年2月号～2015年4月号（計12回）に連載された「統計の落とし穴と蜘蛛の糸」に，加筆・修正し，単行本化したものです．

【注意事項】 本書の情報について

本書に記載されている内容は，発行時点における最新の情報に基づき，正確を期するよう，執筆者，監修・編者ならびに出版社はそれぞれ最善の努力を払っております．しかし科学・医学・医療の進歩により，定義や概念，技術の操作方法や診療の方針が変更となり，本書をご使用になる時点においては記載された内容が正確かつ完全ではなくなる場合がございます．また，本書に記載されている企業名や商品名，URL等の情報が予告なく変更される場合もございますのでご了承ください．

❖**本書関連情報のメール通知サービスをご利用ください**

メール通知サービスにご登録いただいた方には，本書に関する下記情報をメールにてお知らせいたしますので，ご登録ください．
- ・本書発行後の更新情報や修正情報（正誤表情報）
- ・本書の改訂情報
- ・本書に関連した書籍やコンテンツ，セミナーなどに関する情報

※ご登録の際は，羊土社会員のログイン／新規登録が必要です

ご登録はこちらから

みなか先生といっしょに
統計学の王国を歩いてみよう
情報の海と推論の山を越える翼をアナタに！

2015年 6月 5日 第1刷発行	著 者	三中信宏
2025年 1月20日 第3刷発行	発行人	一戸裕子
	発行所	株式会社 羊 土 社
		〒101-0052
		東京都千代田区神田小川町2-5-1
		TEL 03（5282）1211
		FAX 03（5282）1212
		E-mail　eigyo@yodosha.co.jp
		URL　www.yodosha.co.jp/
ⓒ YODOSHA CO., LTD. 2015		
Printed in Japan	ブックデザイン	羊土社編集部デザイン室
ISBN978-4-7581-2058-6	印刷所	株式会社 加藤文明社

本書に掲載する著作物の複製権，上映権，譲渡権，公衆送信権（送信可能化権を含む）は（株）羊土社が保有します．
本書を無断で複製する行為（コピー，スキャン，デジタルデータ化など）は，著作権法上での限られた例外（「私的使用のための複製」など）を除き禁じられています．研究活動，診療を含む業務上使用する目的で上記の行為を行うことは大学，病院，企業などにおける内部的な利用であっても，私的使用には該当せず，違法です．また私的使用のためであっても，代行業者等の第三者に依頼して上記の行為を行うことは違法となります．

JCOPY <（社）出版者著作権管理機構 委託出版物>
本書の無断複写は著作権法上での例外を除き禁じられています．複写される場合は，そのつど事前に，（社）出版者著作権管理機構（TEL 03-5244-5088, FAX 03-5244-5089, e-mail：info@jcopy.or.jp）の許諾を得てください．

乱丁，落丁，印刷の不具合はお取り替えいたします．小社までご連絡ください．

羊土社のオススメ書籍

実験で使うとこだけ 生物統計1 キホンのキ 決定版

池田郁男／著

- 定価2,530円（本体2,300円＋税10%）
- A5判　128頁
- ISBN 978-4-7581-2131-6

実験で使うとこだけ 生物統計2 キホンのホン 決定版

池田郁男／著

- 定価2,970円（本体2,700円＋税10%）
- A5判　175頁
- ISBN 978-4-7581-2132-3

基礎から学ぶ 統計学

中原　治／著

理解に近道はない．だからこそ，初学者目線を忘れないペース配分と励ましで伴走する入門書．可能な限り図に語らせ，道具としての統計手法を，しっかり数学として（一部は割り切って）学ぶ．独習・学び直しに最適

- 定価3,520円（本体3,200円＋税10%）　B5判
- 335頁　ISBN 978-4-7581-2121-7

ぜんぶ絵で見る 医療統計

身につく！　研究手法と分析力

比江島欣慎／著

まるで「図鑑」な楽しい紙面と「理解」優先の端的な説明で，医学・看護研究に必要な統計思考が"見る見る"わかる．臨床研究はガチャを回すがごとし…？！統計嫌い克服はガチャのイラストが目印の本書におまかせ！

- 定価2,860円（本体2,600円＋税10%）　A5判
- 178頁　ISBN 978-4-7581-1807-1

短期集中！ オオサンショウウオ先生の 医療統計セミナー

論文読解レベルアップ30

田中司朗，田中佐智子／著

一流医学論文5本を教材に，正しい統計の読み取り方が実践的にマスターできます．数式は最小限に，新規手法もしっかりカバー．怒涛の30講を終えれば「何となく」の解釈が「正しく」へとレベルアップ！

- 定価4,180円（本体3,800円＋税10%）　B5判
- 198頁　ISBN 978-4-7581-1797-5

発行　羊土社 YODOSHA
〒101-0052　東京都千代田区神田小川町2-5-1　TEL 03(5282)1211　FAX 03(5282)1212
E-mail：eigyo@yodosha.co.jp
URL：www.yodosha.co.jp

ご注文は最寄りの書店，または小社営業部まで